# 孕期营养全指南

# 电热锅轻松煮
# 100道 养胎美味

孙晶丹 编著

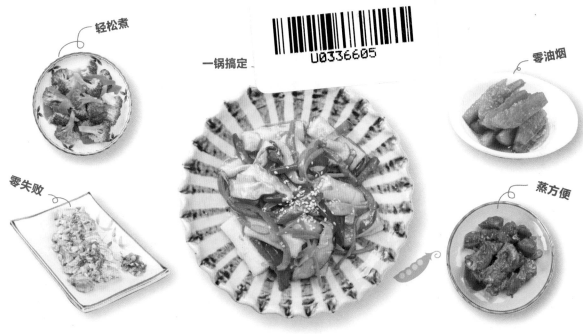

轻松煮

一锅搞定

零油烟

零失败

蒸方便

U0336605

新疆人民出版总社
新疆人民卫生出版社

# CONTENTS

# 电锅轻松煮：一锅搞定一桌菜

## P076
### 牛蒡鸡肉炊饭
香甜爽脆的牛蒡加上软嫩鸡肉，
口感丰富让人吃不腻。

**煮**

用电锅煮饭轻松又美味，只要在白米中加入等比例的水，1杯米加1杯的水，外锅再放1杯水，就能煮出好吃的白米饭。还可以用来煮面、煮粥，也相当方便，变化多多。

## P049
### 芋头鲜蚵粥
鲜美的牡蛎与松软的芋头，
一口吃下满满的海味，
让人无法抗拒的好味道。

**蒸**

电锅蒸食物，不用担心水分蒸干了会让锅底烧焦，开关跳起后会自动转切保温功能，要是食材不够熟软，就再加水并按下开关继续蒸。也能用来加热食材，非常实用。

## P106
### 清蒸丝瓜蛤蜊
不加任何一滴水，
纯粹的丝瓜甜味与蛤蜊鲜味。

## P097
### 卤牛腱
微微的咬劲与完全不柴的肉质，
在口中达到完美的平衡。

 卤

用电锅卤东西的小秘诀，就是一定要让卤汁淹过食材，卤出来的食物才会均匀上色又入味。若是卤汁无法淹过食材，可以在第1次开关跳起后，打开锅盖将食材翻面，然后加水继续卤。

## P065
### 杏鲍菇酱蛋
卤到完全入味的杏鲍菇，
香浓滑嫩的半熟蛋，
好吃又简单的家常小菜。

## P096
### 牛肉丸子
在锁住美味肉汁的牛肉丸上，
淋上热腾腾的酸甜酱汁，
展现肉汁与酱汁的完美结合。

 烤

想要用电锅烤东西，只要盖上锅盖，按下开关，让电锅预热一下，开关跳起之后，就能放入想要烤的食材，外锅不加任何水，按下开关，待开关跳起，散热8分钟再按下开关，重复直到食材烤熟为止。

## P058
### 腰果西芹炒虾仁
又香又脆的腰果及西芹，
让孕妈咪补充满满的钙质。

## P066
### 炒土豆丝
清脆爽口的土豆丝，
带点微酸好开胃，
孕吐频繁的妈咪可以试试看喔！

**炒**

将电锅的外锅清洗干净，不加任何水，按下开关加热电锅，等开关跳起，就可以炒菜了，用电锅也能炒出美味佳肴！但要特别注意，只有不锈钢制的电锅外锅可用来炒菜，铝制外锅无法这样使用喔！

**煎**

要用电锅煎东西，同样只要洗净外锅，并按下开关加热就可以了，用电锅也能煎出金黄酥脆的口感！但要特别注意，只有不锈钢制的电锅外锅可用来煎东西，铝制外锅无法这样使用喔！

## P026
### 鲔鱼煎饼
外层金黄酥脆的煎饼，
包裹着鲜甜的玉米及鲔鱼。

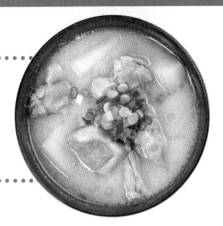

## P054
### 大根味噌鸡汤
加入了健康的白味噌，
更能提出萝卜与鸡肉的甜味。

**炖**

用电锅炖煮料理，只要将所有食材和水放进去，外锅加多一点水炖煮，若不够软嫩就再加水继续炖煮，简单又方便，不用顾着炉火，完全不需要担心煮过头，开关跳起就有软嫩入味的佳肴可享用。

## P089
### 山药鸡汤
松软绵密的山药，
软嫩入味的鸡肉，
所有的营养精华都在鸡汤里。

## P087
### 萝卜牛肉汤
炖煮到软烂的牛肉与萝卜，
吃起来毫不费力。

# 8 种 ┊ 电锅料理常用的 8 种器具

电锅料理轻松又方便，是许多人爱用的烹调锅具，电锅料理所使用的电锅，包含电子锅和一般电锅，随着时代的进步，更发展出了人工智能电锅，让烹饪变得更容易。

电子锅是大多数人家中常用来煮饭的饭锅，有保温的功能，可以让米饭在电锅中保温 2 ~ 3 天，有些电子锅还有煮粥、煲汤、烤蛋糕等功能可以设定，对孕妈咪来说非常方便。在使用电子锅烹调料理时，必须依照使用说明或电子锅食谱来进行烹调，以避免使用不当，造成电子锅的损坏。此外，在使用电子锅煮饭时，尽量将白米装在别的容器中清洗后，再倒入电子锅内锅中，这样一来，可以避免直接在电子锅内锅中清洗白米，而造成内锅的磨擦损伤。

除了电子锅之外，一般电锅在烹调料理方面，实用性更高。不论是蒸、煮、卤、烤、煎、炒、炖的料理，都可以用电锅来烹调。常见的电锅分量有 6 人份电锅和 10 人份电锅，可依照家中人口的需求选购。

电锅外锅的材质，有分为不锈钢材质和铝合金材质。不锈钢材质的外锅只要清洗干净，可以用来代替炒菜锅，能煎、炒食物；铝合金的外锅则必须有其他容器隔在中间使用，不可让食物直接接触铝合金锅底，否则很容易在烹调的过程中溶出有害物质，进而对人体造成危害，要特别注意。而在使用电锅烹调食材时，会有一些经常使用到的器具，接下来针对电锅料理常备的 8 种器具，分别作介绍。

电锅常备器具之一 内锅

内锅一般有 6 人份和 10 人份的规格，材质上则有不锈钢及铝材质的区别，建议怀孕妈妈使用不锈钢的内锅，以避免铝制内锅有溶出有毒物质的疑虑。内锅也可以使用其他耐热器皿来取代。

电锅常备器具之二 内锅盖

内锅盖是用来防止电锅中的水蒸气滴入食材中，进而影响料理的味道。一般电锅所附的内锅盖的材质，同样有不锈钢及铝制材质，建议怀孕妈妈使用不锈钢材质的内锅盖。

**电锅常备器具之三 蒸盘**

蒸盘或蒸架是用来隔开装有食材的容器，避免直接接触到电锅底部，通常在长时间蒸煮食物时，都会使用蒸盘或蒸架来作区隔，也可以当层架使用，同时蒸煮 2 种以上的料理。

**电锅常备器具之六 ST 多功能夹**

ST 多功能夹上面有止滑条的设计，可以安全拿取各式烫手的容器，能避免用抹布会不小心接触到食物，安全方便又卫生。

**电锅常备器具之四 量米杯**

量米杯和量杯不同，量米杯的容量是 180 毫升，而国际规格使用的量杯则是 240 毫升。一般电锅料理，通常使用量米杯来作为衡量水量的基准，若改用量杯则要注意减少水量。

**电锅常备器具之七 防烫手套**

电锅的蒸气非常烫，想要拿取蒸好的料理，可以使用 ST 多功能夹，但若是容器大小与电锅四周太过密合，夹子无法放入，则可使用防烫手套拿取。

**电锅常备器具之五 饭匙**

一般电锅附的饭匙大多为塑胶材质，建议怀孕妈妈可以另外购买木头材质的饭匙来使用。饭匙除了可以用来添饭之外，也可用来拌匀炊饭料理。

**电锅常备器具之八 电子秤**

在料理时使用电子秤，可以精准地计算分量，分量的拿捏是影响整道料理成功的关键，尤其是西点，更要求精准的分量。电子秤一般都有防潮设计，方便在厨房中使用。

# 3 招 : 让电锅光亮如新的 3 大妙招

　　电锅用完没有马上擦拭的话，长期使用下来，外锅底层会堆积一层黄黄的污垢，只用海绵的话很难擦去，用钢刷刷洗又会损伤电锅的底层，该怎么办才好呢？下面告诉你 3 个让电锅亮晶晶的好方法，只要照着这些方法清洗外锅，就能让你的电锅像新的一样喔！

## 1. 白醋清洁法

　　使用白醋清洁电锅，只要在电锅中加入 1 杯的水，再倒入 1/4 杯的白醋，盖上锅盖，留一个小缝，不要全部盖住，按下开关，蒸 10 分钟左右，拔掉插头，待外锅冷却，再加点清水，用海绵或抹布擦拭干净即可。

## 2. 柠檬酸清洁法

　　使用柠檬酸清洁电锅，只要在电锅中加入 1 杯量米杯的水，再倒入 15 毫升的柠檬酸，盖上锅盖，按下开关蒸 5 分钟左右，拔掉插头，待外锅冷却，再加点清水，用海绵或抹布擦拭干净即可。

## 3. 柠檬清洁法

　　将 2 个柠檬对半切开，放入电锅外锅中，加水至八分满，盖上锅盖，按下开关，蒸 30 分钟左右，拔掉插头，静置 3 小时，将水倒掉，只留一点点水在里面，再用海绵或抹布轻轻擦洗即可。用柠檬清洁电锅时，要特别注意，不可使用太多的柠檬，以免酸度过强，反而会造成电锅的损伤。

电锅
日常保养
小贴士

### 1. 用海绵或抹布擦拭

电锅使用完，有时外锅底会残留烹调料理的污渍，此时等电锅冷却后，一定要马上擦拭，可以用棉布或抹布沾点水轻轻擦拭，锅盖内侧也可以顺便擦拭干净。要是每次使用电锅后都没有清理保养，长期下来累积的污垢就会很难清洗干净了。

### 2. 使用白醋保养

若要消除电锅中的异味，可以用白醋加水倒入锅中搅拌均匀，泡一下之后，再把白醋水倒出来，擦拭干净就能去除异味。日常保养时，用抹布沾取稀释过的醋水擦拭外锅和内锅，可以有效去除水渍的残留。

### 3. 使用完毕就拔掉插头

电锅的插头若是一直插着，会处于保温的状态，但长期保温下来，可能会提升电锅的损坏率。建议使用完电锅，电锅中也没有食材需要保温时，就把插头拔掉，一来可以降低电锅的损耗，二来还能节约能源。

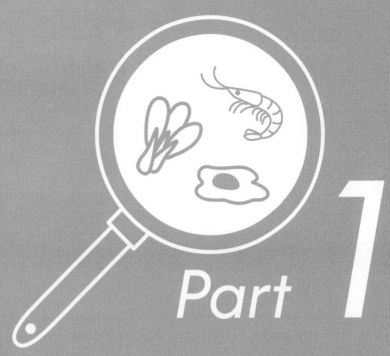

# Part 1

## 怀孕初期
## 养胎电锅料理

从受孕到第 14 周的这一段期间，为怀孕初期，这个时期怀孕妈咪的身体会渐渐产生变化，为了胎儿的健康，必须每天补充足够的营养素，均衡的营养是帮助胎儿完整发育的关键。怀孕妈咪想要亲自动手做养胎料理，又担心吸入太多的油烟，"电锅"绝对是怀孕妈咪的好帮手！

# 怀孕初期怎么吃？

正常来说，怀孕初期的胚胎重量约 20 克，此阶段孕妈咪不该增加过多的体重，最多 0 ~ 2 千克，多余的养分并不能帮助胎儿发育成长。

怀孕约 6 周胎儿会开始出现心跳，且胎儿的各项重要器官逐渐形成，这时可以多补充叶酸帮助胎儿脑神经的发育。叶酸主要作用为正常细胞的复制与分裂，怀孕初期缺乏叶酸会造成胎儿神经管缺陷，因为胎儿神经管的发育通常在孕期非常前期就已发育，因此建议所有生育年龄的女性在怀孕前就应该每天摄取足够的叶酸。

不过，补充叶酸有两个标准，曾生产过神经系统异常或脑部缺损的宝宝的孕妈咪，建议叶酸每天应补充 4000 微克，可咨询妇产科医师并请医师开立叶酸补充剂；至于一般孕妈咪每天补充 400 微克即可。

对于怀孕初期的妈咪来说，要特别补充的营养素除了叶酸之外，还有 B 族维生素，尤其是孕吐的孕妈咪可补充 B 族维生素来改善孕吐情形。

此外，植物来源 DHA、ARA 是构成脑细胞主成分之一，也是补充多元不饱和脂肪酸的最佳途径。因为宝宝的智力发展，80% 决定于怀孕时，因此也会影响到宝宝之后成长的注意力与学习力，也是怀孕初期不可或缺的营养素之一。

孕期非知不可

### 1. 依 BMI 值增加孕期体重

孕期 10 个月的体重增加，一般来说，怀孕初期是 0 ~ 2 千克；怀孕中期约增加 5 千克；怀孕后期则增加 5 ~ 6 千克，整个孕期约增加 10 ~ 12 千克。

不过怀孕期间应参考孕前的 BMI 值来增加体重，如果孕前的 BMI 值 < 19.8，则可增加 12.5 ~ 18 千克；BMI 值位于 19.8 ~ 26.0 之间，可增加 11.5 ~ 16 千克；如果体重较重，BMI 值在 26.0 ~ 29.0，大约只能增加 7 ~ 11.5 千克。

### 2. 预防流产

孕妈咪在饮食方面要特别注意，避免吃加工食品，以及太寒的食物，如螃蟹、薏仁、西瓜等，以免增加流产的机率。

怀孕初期应少去公共场所，以免不小心被传染感冒或其他传染病，若真的不小心生病了，要及时去看医生，并依照医生指示服药治疗，不可自己随便服用成药。

此外，最初 3 个月尽量不要有性行为，此时胎儿尚未稳定，过于激烈的性行为可能会导致流产。

# 超完美养胎计划

怀孕初期的营养，主要增加叶酸的摄取。富含叶酸的食物，包括深色蔬菜，像西蓝花、菠菜、红薯叶、苋菜等；柑橘类水果亦可，不过，要注意水果别食用过量，以免摄取过多糖分，造成体重增加。

另外，这时期的胎儿器官正逐渐发育，可多摄取含优质蛋白质的食物，例如：鸡蛋、新鲜鱼肉等；至于加工食品像香肠、火腿等尽量少吃。原则上，这时期的饮食不需要刻意增加或改变。

若有孕吐状况，建议采取少量多餐的进食方式，可改成每天三正餐、三点心，而且一次不要饮入太多汤汤水水，以免引起恶心、呕吐。如果早上起床觉得血糖低、出现恶心感，可吃一些全麦吐司或饼干；同时避免摄取茶、咖啡或辛辣物，尤其应避免辛辣物，以免刺激肠胃、影响消化。

如果因为孕吐严重而导致体重下降，可多摄取果汁来补充水分，并视状况告知医师，以评估是否开立维生素 B6。

由于怀孕初期每个人的状况不同，当孕妈咪因为恶心、孕吐而造成胃口不佳，尽量选择自己喜欢且可以吃得下的食物。如果担心像叶酸等营养不足，可咨询医师并开立营养品来补充。

产前特殊检查

## 1. 产前超声波扫描

超声波扫描是通过导向性的高频声波，透过母体腹壁，进入羊水观察胎儿的一种方法。这种方法对母体和胎儿都是安全的，但整个孕期最好不要进行超过 4 次，用这种方法能确定妊娠时间，计算预产期。

## 2. 血液生化测定

验血可以检查孕妈咪的肝功能及是否携带肝炎病毒，现在这类检查已成为常规检查，怀孕初期还可通过验血检查是否有被艾滋病毒感染过。

细胞中运输氧的血色素，其含量低于每 100 毫升 10 克，即为异常。血红蛋白下降表示贫血，通常早孕时化验一次，如无异常，妊娠最后 10 周内再检查一次即可。

## 3. 羊膜穿刺

有某些先天性疾病家族史或是唐氏症罹患风险较高的孕妈咪，需要进行羊膜穿刺的检查。

# 味噌鲑鱼炖饭

 DHA  30 MIN

微甜的白味噌搭配软嫩鲑鱼、新鲜菇类及蔬菜，
吃起来甘甜爽口，每一口都让孕妈咪吃的元气满满。

## 材料（3人份）

- 白米 150 克　鲑鱼 120 克
- 包菜叶 1 片　西红柿 100 克
- 舞菇 30 克　葱花适量
- 姜末少许

## 调味料

- 白味噌 20 克　鲣鱼酱油 20 毫升
- 味醂 15 毫升　七味粉少许
- 盐少许

## 1 备好材料

白米洗净；鲑鱼洗净切丁，抹上少许盐，腌渍备用；包菜叶洗净撕成小片；西红柿洗净去蒂头，切小块；舞菇洗净去根部，剥成小朵。

## 2 摆放材料

白米中加入 240 毫升的水、白味噌、鲣鱼酱油、味醂，搅拌均匀，接着放入姜末、包菜叶和舞菇，最后摆上西红柿及鲑鱼丁。

## 3 搅拌均匀

放入电锅中，外锅加 240 毫升的水，按下开关，蒸至开关跳起，焖 5 分钟，接着用饭匙拌匀米饭及其他材料，再放回电锅中焖 5 分钟让调味融合，最后撒上葱花及七味粉即可。

## 营养重点

鲑鱼含有优质蛋白质及丰富的 DHA，不但能降低胆固醇，对宝宝的脑部发育也很有帮助。

# 胡萝卜鸡蛋饭

DHA  20 MIN

鸡蛋是妈妈孕期当中不可缺少的营养饮食，它含有的卵黄素、卵磷脂，对孕妈咪自己及宝宝的身体发育和神经系统都有利，孕期可以适当地摄入。

## 材料（3 人份）

- 玉米粒 100 克
- 胡萝卜 100 克
- 鸡蛋 1 个
- 白米饭 1 碗
- 蒜末 3 克

## 调味料 A

- 盐 2 克
- 鸡粉 2 克
- 食用油适量

### 1 备好材料
胡萝卜洗净，切丁；鸡蛋打入碗中，打散搅匀。

### 2 烫煮食材
锅中注水烧开，倒入胡萝卜丁、玉米粒，煮至断生后捞出。

### 3 放入电锅
备好电锅，调至"米饭"功能状态，加食用油烧热，倒入鸡蛋液，炒制凝固，再放入胡萝卜、玉米粒、蒜末、盐、鸡粉，炒匀，倒入米饭。

### 4 加盖焖煮
盖上锅盖，加热焖 5 分钟后翻炒片刻，盛出即可。

# 香 Q 包菜饭

维生素 C　30 MIN

清脆鲜甜的包菜，搭配又香又脆的樱花虾，
咀嚼的同时，不妨细细品味包菜和樱花虾两种不同的鲜脆口感。

**材料（3 人份）**
- 白米 100 克　猪肉丝 50 克
- 包菜 50 克　胡萝卜 50 克
- 干香菇 5 朵　蒜末 5 克
- 樱花虾适量

**调味料 A**
- 鲣鱼酱油 15 毫升
- 米酒 15 毫升

**调味料 B**
- 鲣鱼酱油 30 毫升
- 盐 2 克
- 白胡椒粉少许

**调味料 C**
- 食用油适量

## 1 备好材料

白米洗净；猪肉丝加入调味料 A 腌渍 10 分钟；干香菇用水泡软后切丝，香菇水留起来备用；包菜、胡萝卜洗净切丝；樱花虾洗净沥干。

## 2 爆香材料

热锅不放油干煸樱花虾，再加少许油爆香蒜末，放入香菇、猪肉丝炒至猪肉丝变白，接着放入胡萝卜及包菜拌炒一下。

## 3 放入电锅

内锅中依序放入白米和炒料，加入调味料 B 和 160 毫升的香菇水；外锅放 200 毫升水，按下开关，蒸至开关跳起后，再焖 10 分钟，取出拌匀即完成。

# 南瓜海鲜炖饭

 维生素 C   30 MIN

海鲜与南瓜的组合，蹦出意料之外的美味，
只要尝一口，保证停不下来，让人忍不住一吃再吃的美味炖饭。

## 材料（2人份）

- 白米 100 克　虾仁 120 克　蛤蜊 12 个
- 南瓜 250 克　洋葱 30 克　蒜片 15 克
- 姜丝 30 克　葱花少许　起司丝 100 克

## 调味料

- 奶油 15 克　白胡椒粉少许
- 盐少许　食用油适量

### 1 备好材料
白米洗净，泡水 20 分钟；虾仁洗净去肠泥；蛤蜊放在盐水中吐沙后洗净；南瓜去皮切小块；洋葱切丝，备用。

### 2 爆香材料
热油锅，爆香蒜片、姜丝，放入洋葱炒至呈半透明状，再加入白米、奶油、白胡椒粉、盐翻炒均匀，倒入电锅内锅中，摆上南瓜。

### 3 放入电锅
将内锅放入电锅中，外锅加入 300 毫升水，按下开关，蒸至开关跳起后，再放入虾仁与蛤蜊，盖上锅盖续焖至熟。

### 4 搅拌均匀
最后加入起司丝搅拌均匀，撒上葱花装饰即可。

# 包菜咸粥

维生素 C

30 MIN

简单好滋味，不需要过多的调味，
蔬菜天然的甜味是这碗粥品的主角，清清淡淡却风味十足。

**材料（3人份）**

白米100克　包菜50克
胡萝卜50克　干香菇3朵
虾米适量

**调味料**

盐适量　食用油适量

## 1 备好材料

白米洗净；香菇泡水，切成丝；
包菜洗净，切成丝；胡萝卜洗净
削皮，切成丝；虾米用水冲一下，
备用。

## 2 熬煮成粥

白米中加入刚刚泡香菇的水，当
做高汤，用电子锅煮成粥。

## 3 爆香材料

热油锅，先爆香香菇，再放入虾
米炒至散出香气。

## 4 小火炖煮

加入胡萝卜丝、包菜丝拌炒至
软，再加入白粥一起炖煮，煮至
微滚，加入适量盐，续焖煮5~
10分钟后关火即完成。

## 营养重点

包菜含有丰富的维生素C
与纤维质，能帮助消化、
防止便秘；还含有多种人
体必需的微量元素。

# 葫芦咸粥

维生素 C

25 MIN

香甜好入口的葫芦，搭配咸咸香香的虾米，以及焦香的猪肉丝和香菇，古早好滋味，散发出的是浓浓的人情味。

## 材料（3 人份）

- 白米 100 克　猪肉丝 30 克
- 葫芦 100 克　干香菇 2 朵
- 虾米 5 克　　红葱头 15 克

## 调味料 A

- 盐 5 克
- 鲣鱼粉少许
- 食用油适量

## 调味料 B

- 酱油膏 5 克
- 米酒 5 毫升
- 白胡椒粉少许
- 太白粉少许

### 1 备好材料

白米洗净；猪肉丝用调味料 B 腌 30 分钟；干香菇泡水，泡软后切片，香菇水备用；虾米用水冲一下，备用；葫芦洗净去皮切丝。

### 2 摆放材料

起油锅，爆香红葱头，再爆香香菇、虾米，接着把肉丝和葫芦放进去炒，炒至葫芦变软。

### 3 放入电锅

将白米放进内锅中，再放入炒好的材料，加入香菇水、盐、鲣鱼粉、适量水，放入电锅中，外锅加 200 毫升水，按下开关，蒸至开关跳起，焖 10 分钟，取出拌匀即完成。

# 古早味菜豆粥

蛋白质　20 MIN

小时候奶奶常煮的营养粥品，充满了回忆的味道，
煮到软软烂烂的菜豆，就算牙口不好的孕妈咪也能安心品尝。

## 材料（3 人份）

- 白米 100 克　猪肉丝 30 克
- 菜豆 100 克　干香菇 2 朵
- 虾米 5 克　红葱头 15 克

## 调味料 A

- 食用油适量
- 盐 5 克
- 鲣鱼粉少许

## 调味料 B

- 酱油膏 5 克
- 米酒 5 克
- 白胡椒粉少许
- 太白粉少许

## 1 备好材料

白米洗净；猪肉丝用调味料 B 腌
30 分钟，备用；干香菇泡水，泡
软后切片，香菇水备用；虾米用
水冲一下，备用；菜豆洗净，切
小段。

## 2 爆香材料

起油锅，爆香红葱头，再爆香香
菇、虾米，接着把肉丝和菜豆放
进去炒，炒至菜豆变软。

## 3 放入电锅

将白米放进内锅中，再放入炒好
的材料，加入香菇水、盐、鲣鱼
粉、适量水，放入电锅中，外锅
加 200 毫升水，按下开关，蒸至
开关跳起，再焖 5 分钟，取出拌
匀即完成。

## 营养重点

菜豆富含易于消化吸收
的优质蛋白质、适量的
碳水化合物及多种维生
素、微量元素等，可补
充身体营养成分。

# 香菇鸡丝鲜笋粥

竹笋的脆、香菇的软、鸡丝的嫩，再加上金针菇的滑口，
吃一口新鲜脆口的笋粥，丰富的口感在口中扩散开来。

## 材料（3 人份）

- 白米 100 克　鸡胸肉 50 克
- 竹笋 50 克　干香菇 2 朵
- 金针菇 50 克　葱花适量

## 调味料

- 白胡椒粉适量　盐适量
- 芝麻油少许

## 1 备好材料

白米洗净；鸡胸肉洗净，切丝；竹笋
洗净，去皮切丝；香菇泡软后，切丝；
金针菇切去根部，洗净备用。

## 2 摆放材料

内锅中依序放入白米、鸡胸肉、竹
笋、香菇、金针菇和所有调味料，并
加入适量的水。

## 3 放入电锅

将摆放好的材料放入电锅中，外锅加
200 毫升水，按下开关，蒸至开关跳
起，焖 10 分钟，取出拌匀，最后撒
上葱花即完成。

# 西红柿鸡肉笔管面

 叶酸  20 MIN

不是用一般的意大利直面，而是用更能吸附酱汁的笔管面来做这道菜，
让酸酸甜甜的西红柿味完全吸附在笔管面上，形成难以言喻的美味。

## 材料（1人份）

- 笔管面 150 克　鸡胸肉 50 克
- 洋葱 50 克　西红柿 100 克
- 罗勒 10 克　蒜末 15 克
- 奶油 15 克　高汤 200 毫升

## 调味料

- 帕玛森起司粉 15 克
- 盐 5 克　黑胡椒粉适量

## 1 备好材料

洋葱洗净，去皮切丝；西红柿洗净
去蒂头；罗勒洗净沥干；鸡胸肉切
片，加入盐、黑胡椒粉，腌渍入味。

## 2 摆放材料

内锅中依序放入洋葱、笔管面、鸡
胸肉、蒜末、罗勒、西红柿、奶油，
再倒入高汤、盐、黑胡椒粉。

## 3 放入电锅

将内锅放到电锅中，外锅倒入 300
毫升水，按下开关，蒸至开关跳起，
焖 5 分钟。

## 4 搅拌均匀

将蒸好的笔管面拌匀，最后撒上起
司粉即完成。

# 香炒年糕

叶酸 | 30 MIN

一般炒年糕的印象，都是韩式红通通的辣炒年糕，
为了不能吃辣又想吃年糕的孕妈咪，特别准备这一道香 Q 的炒年糕。

## 材料（3 人份）

- 年糕条 300 克　红甜椒 40 克
- 青椒 40 克　胡萝卜 30 克
- 洋葱 25 克　鲜香菇 2 朵
- 葱花 15 克　蒜末 5 克
- 白芝麻 5 克　高汤 200 毫升

## 调味料

- 酱油 30 毫升　白糖 15 克
- 芝麻油 15 毫升　白胡椒粉少许

### 1 备好材料

年糕洗净，泡热水 10 分钟；红甜椒、
青椒、鲜香菇洗净切丝；胡萝卜、洋
葱洗净，去皮切丝。

### 2 调好酱汁

将白芝麻、葱花、蒜末放入碗中，加
入调味料拌匀，调成酱汁。

### 3 摆放材料

内锅中依序放入年糕条、所有切丝材
料，再倒入酱汁和高汤。

### 4 放入电锅

将内锅放到电锅中，外锅倒入 200
毫升，按下开关，蒸至开关跳起，打
开锅盖拌匀，再盖上锅盖焖 10 分钟
即完成。

# 滴鸡精

蛋白质　180 MIN

只要使用电锅，就能轻松做出营养满分的滴鸡精，
自己动手做的滴鸡精，完全零添加，简简单单就能喝到纯天然的营养。

## 材料（5 人份）

全鸡 1 只

### 1 备好材料
用刀背将整只鸡的骨头剁碎，去皮
洗净，沥干水分；将 1 个大碗倒扣
在陶锅中，放上处理好的鸡肉。

### 2 放入电锅
陶锅放入电锅中，外锅加 800 毫升
水，按下开关，待开关跳起，再加
800 毫升水，重复 3 次。

### 3 过滤杂质
取出蒸好的鸡肉和大碗，鸡精用滤
网过滤杂质。

### 4 去除油脂
待鸡精冷却后，放进冰箱，冷藏 2
小时后取出，去除表面的油脂，分
装成 5 瓶，要喝的时候加热即可。

# 蒜头蛤蜊鸡汤

蒜头和蛤蜊都是补充元气的好食材，孕妈咪可以多多食用，
充满蒜头精华和蛤蜊鲜味、鸡肉甜味的浓郁白汤，让人一喝就停不下来。

## 材料（2人份）

鸡腿肉 150 克　蛤蜊 300 克
蒜头 30 瓣　姜 2 片
葱花适量

## 调味料

米酒 15 毫升　盐适量

## 1 备好材料

鸡腿肉洗净切块；蛤蜊洗净，泡盐水
吐沙；蒜头去皮。

## 2 汆烫鸡腿肉

烧一锅滚水，加少许盐，放入鸡腿肉
汆烫去血水，捞起备用。

## 3 摆放材料

内锅中依序放入鸡腿肉、蛤蜊、姜
片、蒜头、米酒，再加水淹过食材。

## 4 放入电锅

将内锅放到电锅中，外锅倒入 200
毫升水，按下开关，蒸至开关跳起，
再焖 10 分钟，最后加盐调味，撒上
葱花即完成。

# 豆腐鲑鱼味噌汤

比一般味噌还要香甜的白味噌，搭配新鲜鱼肉及海带芽，
让这道汤中的甜味及鲜味大大提升，再加上软嫩的鸡蛋豆腐，更是美味。

## 材料（2人份）

鲑鱼 100 克　鲷鱼 100 克
干海带芽 30 克　金针菇 50 克
鸡蛋豆腐 100 克　葱花适量

## 调味料

白味噌适量　米酒适量

### 1 备好材料

鲑鱼、鲷鱼先用水冲洗后，切成丁
状，并加入米酒腌渍去腥；鸡蛋豆
腐切小块；金针菇洗净，去根部，
切成小段；海带芽用水泡开后洗净，
备用；白味噌用热水调开，备用。

### 2 摆放材料

内锅中依序放入金针菇、鲑鱼、鲷
鱼、海带芽、豆腐，加水至八分满。

### 3 放入电锅

将内锅放入电锅中，外锅加 200 毫
升水，按下开关，蒸至开关跳起后，
焖 5 分钟。

### 4 加入味噌

打开锅盖，将味噌酱汁倒入锅中，
搅拌均匀，撒上葱花即完成。

# 笋片排骨汤

鲜甜的笋片配上肉质软中带 Q 的排骨，
竹笋的清甜刚好解去了排骨的油腻感，让孕妈咪喝再多也不腻。

**材料（2 人份）**

排骨 400 克　竹笋 50 克
姜 5 片

**调味料**

盐适量　米酒适量

## 1 备好材料

排骨洗净，切成小块；竹笋洗净，去皮切薄片。

## 2 汆烫排骨

烧一锅滚水，加少许盐，放入排骨汆烫去血水。

## 3 摆放材料

内锅中依序放入笋片、排骨、姜片，再加入米酒，最后加水至 8 八分满。

## 4 放入电锅

将内锅放入电锅中，外锅加 200 毫升水，按下开关，蒸至开关跳起后，再焖 10 分钟，打开锅盖加盐调味即完成。

# 黑豆浆

B 族维生素 30 MIN

想要喝香醇美味的黑豆浆，却担心外面卖的黑豆浆有太多添加物，
不如亲自动手做做看吧！保证浓醇好喝又天然健康。

## 材料（3 人份）

黑豆 100 克

## 调味料

白糖少许

### 1 备好材料

将黑豆泡入清水 4 ~ 6 小时，再沥干水分。

### 2 搅打黑豆

果汁机中放入泡好的黑豆，再放入1600 毫升的水，分次打碎，每次约打 3 分钟，打完后过滤掉豆渣。

### 3 放入电锅

将滤掉豆渣的黑豆浆放到内锅中，再将内锅放入电锅中，外锅加 20 毫升水，锅盖留缝隙，避免豆浆煮滚后溢出，待开关跳起后，焖 10 分钟即可。

### 4 放凉饮用

蒸好的豆浆可依自己喜欢的甜度加入少许白糖拌匀，放凉即可饮用。

# 红枣茶

维生素 C 　30 MIN

红枣与枸杞自然的淡淡甜味，喝起来香甜顺口，
又能帮助怀孕妈妈维持好气色，一次煮一大锅慢慢喝，轻松又方便。

**材料（2 人份）** 🍴

红枣 50 克
枸杞 20 克

**调味料**

冰糖 15 克

**1 备好材料**
把红枣、枸杞用水冲洗干净。

**2 略煮食材**
锅中加入 1800 毫升的水煮滚后，将
红枣、枸杞放入，待再次煮滚后关
火，备用。

**3 放入电锅**
将煮滚的红枣枸杞汤汁放入内锅中，
外锅加 200 毫升水，按下开关，蒸
至电锅跳起，再焖 10 分钟。

**4 放凉饮用**
将蒸好的红枣枸杞茶加入冰糖调味，
放凉即可饮用。

# 芝麻拌银芽

 蛋白质  15 MIN

脆脆的豆芽菜，搭配上香气十足又健康的芝麻油，
简简单单的调味，让怀孕妈妈可以细细品尝食材最天然的滋味。

**材料（2 人份）**

豆芽菜 300 克　蒜泥 5 克
葱花 15 克　白芝麻 15 克

**调味料**

芝麻油 20 毫升　盐少许

## 1 备好材料
豆芽菜洗净，拔去根部。

## 2 摆放材料
将豆芽菜放入内锅中，加水淹过食材，再放入少许盐。

## 3 放入电锅
内锅放到电锅中，外锅倒入 100 毫升杯水，按下开关，蒸至开关跳起，再将豆芽菜冲冷水降温，沥干备用。

## 4 搅拌均匀
豆芽菜中依序加入蒜泥、葱花、白芝麻、芝麻油、盐拌匀即完成。

# 南瓜沙拉

维生素 C  60 MIN

怀孕妈妈不想站在炉火前等水滚，只要运用电锅来烹调食材，
不管是煮鸡蛋，还是蒸南瓜，轻轻松松就能搞定。

## 材料（2人份）

南瓜 250 克　鸡蛋 1 个
小黄瓜 1 根

## 调味料

盐适量　蛋黄酱适量

## 1 备好材料

南瓜洗净，去皮切块；小黄瓜切片，
加入少许盐腌 10 分钟，再用手挤去
多余水分，挤越干越好。

## 2 蒸熟南瓜

将南瓜放入内锅中，外锅加 200 毫
升水，按下开关，蒸至开关跳起后，
再焖 20 分钟。

## 3 蒸熟鸡蛋

将 2 张厨房纸巾略沾湿，铺在电锅里，
放入鸡蛋，按下开关，待开关跳起后，
再焖 10 分钟，确保蛋黄熟透，接着放
入冷水中冷却剥壳，再切丁备用。

## 4 搅拌均匀

把蒸好的南瓜、鸡蛋、小黄瓜及适量
蛋黄酱全部加在一起，搅拌均匀，放
入冰箱冷藏 1 小时即完成。

# 菠菜拌豆腐

 蛋白质  20 MIN

滑滑嫩嫩的豆腐，青翠鲜绿的菠菜，两者的营养价值都极高，
让怀孕妈妈补充叶酸的同时，还能摄取优质蛋白。

**材料（2人份）**

菠菜 350 克　豆腐 50 克
蒜泥 5 克　白芝麻 10 克

**调味料**

芝麻油 20 毫升　盐少许

## 1 备好材料
菠菜洗净，切 5 厘米小段；豆腐洗净切小丁。

## 2 放入电锅
内锅中放入 500 毫升的水，放到电锅中，外锅倒入 200 毫升水，按下开关，蒸至开关跳起，放入菠菜和豆腐，盖上锅盖焖 10 分钟，再将菠菜和豆腐冲冷水降温，沥干备用。

## 3 搅拌均匀
豆腐用汤匙压成泥状，放入菠菜、蒜泥、白芝麻、芝麻油、盐拌匀即完成。

# 清炒西蓝花

用电锅料理西蓝花，可以完整保留其营养和糖分，
但一定要使用不锈钢外锅来料理，千万不可使用铝合金外锅喔！

## 材料（2人份）

西蓝花 200 克
胡萝卜 50 克　蒜头 3 瓣

## 调味料

盐少许　食用油适量

## 1 备好材料

西蓝花去粗丝，洗净备用；胡萝卜洗净，去皮切片；蒜头拍扁去皮，切末。

## 2 预热电锅

按下电锅开关，不要盖上锅盖，预热 3 分钟。

## 3 放入材料

外锅中倒入适量油烧热，放入蒜末爆香，再放入胡萝卜拌炒，等胡萝卜变得比较油亮，锅底油呈现橘黄色时，放入西蓝花拌炒一下，加少许水，盖上锅盖焖 10 分钟。

## 4 加盐调味

打开锅盖，加入盐调味，拌炒均匀即完成。

023

# 酱煮土豆

B族维生素　30 MIN

切成小正方块形状的土豆，一口一个刚刚好，
再加上微甜的酱汁慢慢蒸煮，每一口都是香甜松软的好味道。

## 材料（3人份）

- 土豆 4 个　葱花 15 克
- 蒜泥 5 克　白芝麻 5 克

## 调味料

- 酱油 30 毫升　白糖 10 克
- 果糖 15 克　芝麻油 10 毫升

### 1 备好材料
土豆洗净去皮，切成 1.5 厘米的小方块状。

### 2 摆放材料
内锅中依序放入土豆块、蒜泥、酱油、白糖、果糖以及 100 毫升的水。

### 3 放入电锅
将内锅放到电锅中，外锅倒入 400 毫升水，按下开关，蒸至开关跳起。

### 4 搅拌均匀
蒸好的土豆淋上芝麻油、撒上白芝麻和葱花，略微拌匀即完成。

# 蒜香四季豆

叶酸　15 MIN

充满浓浓蒜头香气，配上清脆的四季豆，以及香脆的玉米笋，
每一口都吃得到蔬菜特有的鲜甜以及蒜头的香气。

## 材料（2人份）

四季豆 100 克　玉米笋 50 克
蒜末 15 克

## 调味料

盐少许　食用油适量

### 1 备好材料

四季豆洗净，切小段；玉米笋洗净，
切斜刀。

### 2 预热电锅

按下电锅开关，不要盖上锅盖，预热
3 分钟。

### 3 放入材料

外锅中倒入适量油，烧热后，放入蒜
末爆香，再放入四季豆拌炒，炒至四
季豆都沾上油，接着放入玉米笋拌炒
一会，加少许水，再盖上锅盖焖 10
分钟。

### 4 加盐调味

打开锅盖，加入盐调味，拌炒均匀即
完成。

# 鲔鱼煎饼

简单又营养的一道料理，只要将所有材料拌匀，
煎成金黄酥脆的煎饼，不用蘸酱就很美味，且营养满分喔！

### 材料（2 人份）

鲔鱼罐头 1 罐　鸡蛋 1 个
胡萝卜 30 克　玉米粒 30 克
葱花 15 克　中筋面粉 15 克

### 调味料

白胡椒粉少许　盐少许

## 1 备好材料

鲔鱼沥掉油；鸡蛋打散；胡萝卜洗
净、去皮，切小丁。

## 2 调成面糊

将所有材料与调味料搅拌均匀成面
糊，备用。

## 3 预热电锅

按下电锅开关，不要盖上锅盖，预
热 3 分钟。

## 4 放入材料

外锅中倒入适量油，烧热后，用汤
匙舀入混合好的面糊，整成小圆饼
状，煎至两面金黄即完成。

# 糖醋鱿鱼

新鲜的鱿鱼 Q 弹有劲，单吃就很鲜甜，
要是再配上特调的糖醋酱，保证让人停不下筷子，忍不住一吃再吃。

## 材料（3 人份）

- 鱿鱼 100 克　姜 3 片
- 蒜泥 2 克　白芝麻 5 克
- 葱花适量

## 调味料 A

- 米酒 5 毫升
- 盐 2 克

## 调味料 B

- 番茄酱 15 克　酱油 15 毫升
- 白醋 20 毫升　白糖 10 克
- 米酒 5 毫升　芝麻油 5 毫升
- 柠檬汁 20 毫升

## 1 备好材料

鱿鱼洗净切成圈状，备用。

## 2 摆放材料

将鱿鱼、姜片放入内锅中，加水淹过食材，再放入调味料 A。

## 3 放入电锅

将内锅放到电锅中，外锅倒入 100 毫升水，按下开关，蒸至开关跳起，捞出鱿鱼，沥干摆盘，撒上葱花。

## 4 调好酱汁

将蒜泥、白芝麻加入调味料 B 中，拌匀成酱汁，鱿鱼蘸酱汁即可食用。

# 可乐棒棒腿

 蛋白质 · 20 MIN

用可乐也能烹调出美味料理？不用怀疑，可乐可以让肉质迅速软嫩，吃起来不柴不腻，是烹调肉品的好帮手喔！

扫一扫·轻松学

## 材料（2人份）

┌ 鸡腿 2 个　姜 3 片
└ 蒜头 5 瓣　葱 1 支

## 调味料

┌ 可乐 300 毫升
└ 酱油 100 毫升

### 1 备好材料

鸡腿洗净，前后各划两刀，帮助入味；葱洗净，切段、拍扁；蒜头拍扁，去皮备用。

### 2 摆放材料

大碗中依序放入鸡腿、蒜头、姜片、葱段、可乐和酱油。

### 3 放入电锅

将大碗放到电锅中，外锅倒入200 毫升水，按下开关，蒸至开关跳起，焖 5 ~ 10 分钟，即可盛盘。

# 清蒸虱目鱼肚

咸咸甜甜的黄豆酱，除去了虱目鱼肚多余的油腻感，
再搭配上去除腥味的姜丝和葱丝，让虱目鱼更为鲜甜，软嫩可口。

### 材料（2 人份）

无刺虱目鱼肚 1 片
姜丝 15 克　葱丝 30 克

### 调味料

黄豆酱 30 克

## 1 备好材料

将无刺虱目鱼肚洗净，用纸巾擦干，
放入深盘内，备用。

## 2 腌渍入味

将黄豆酱、姜丝放在擦干的虱目鱼肚
上，静置 10 分钟腌渍入味。

## 3 预热电锅

电锅外锅加 400 毫升水，放入蒸架，
盖上锅盖、按下开关，预热至水滚。

## 4 放入电锅

将腌渍好的鱼放入电锅中，按下开
关，蒸至开关跳起，取出后放上葱丝
即完成。

# 豆芽菜炖五花肉

蛋白质　20 MIN

清爽的黄豆芽，配上肥嫩的五花肉，让五花肉吃起来肥而不腻，
让怀孕妈妈满足味蕾的同时，还能补充蛋白质，营养与美味兼顾。

**材料（2 人份）**
- 猪五花肉片 200 克　黄豆芽 200 克
- 洋葱 50 克　葱 5 克
- 蒜泥 5 克　姜泥 5 克
- 白芝麻 10 克

**调味料 A**
- 酱油 30 毫升　白糖 20 克
- 米酒 20 毫升
- 白胡椒粉 1 克

**调味料 B**
芝麻油 10 毫升

## 1 备好材料
黄豆芽洗净，拔去根部；五花肉切成小块；洋葱洗净去皮，切丝；葱洗净，切斜段。

## 2 摆放材料
内锅中依序放入洋葱、五花肉、黄豆芽、蒜泥、姜泥和调味料 A，再加 100 毫升的水。

## 3 放入电锅
将内锅放到电锅中，外锅倒入 200 毫升水，按下开关，蒸至开关跳起。

## 4 搅拌均匀
打开锅盖，放入葱段、白芝麻、调味料 B 拌匀，盖上锅盖，再焖 5 分钟即完成。

# 安东炖鸡

 叶酸
 30 MIN

韩国安东地方的名菜，吃起来甜甜的好入口，
食材不但营养均衡又有饱足感，非常推荐喜欢韩国料理的妈妈试做看看喔！

## 材料（2人份）

- 鸡腿肉 150 克　菠菜 50 克
- 洋葱 25 克　土豆 100 克
- 胡萝卜 25 克　粉丝 50 克
- 葱 5 克　蒜泥 5 克

## 调味料

- 白胡椒粉少许　盐少许
- 酱油 45 毫升　白糖 5 克
- 果糖 10 克　白胡椒粉少许

## 1 备好材料

鸡腿肉洗净，切小块；菠菜洗净，切段；洋葱洗净，去皮切丝；土豆、胡萝卜洗净去皮，切成厚片；葱洗净，切斜片；粉丝泡热水 10 分钟，备用。

## 2 汆烫鸡腿肉

烧一锅滚水，加少许盐，放入鸡腿肉汆烫去血水，捞起备用。

## 3 摆放材料

内锅中依序放入鸡腿肉、洋葱、土豆、胡萝卜、蒜泥和所有调味料，再加水淹过食材。

## 4 放入电锅

将内锅放到电锅中，外锅倒入 200 毫升水，按下开关，蒸至开关跳起，打开锅盖，放入菠菜、粉丝、葱，再焖 10 分钟即完成。

# 蒜泥白肉

B 族维生素　30 MIN

电锅版的蒜泥白肉零失败率，蒸出来的五花肉鲜嫩多汁，
不会有煮过头的顾虑，保证每一口都吃得到又香又嫩的滋味。

## 材料（2 人份）

猪五花肉 300 克　葱花 8 克
蒜泥 8 克

## 调味料

蚝油 30 克　白糖 5 克
白醋 2 毫升　白胡椒粉少许
米酒少许　盐少许

## 1 备好材料

用刀来回刮去五花肉猪皮上的角质，再以清水洗净。

## 2 汆烫五花肉

烧一锅滚水，加入少许米酒、盐，再放入五花肉汆烫去血水，捞起备用。

## 3 放入电锅

内锅中放入五花肉，加水淹过食材，放到电锅中，外锅倒入 300 毫升水，按下开关，蒸至开关跳起后，取出五花肉，斜刀切成薄片，摆盘后铺上蒜泥。

## 4 调好酱汁

将葱花、蚝油、白糖、白醋、白胡椒粉拌匀，调成酱汁，五花肉片蘸上酱汁即可食用。

# 葱丝猪肉

B族维生素

20 MIN

香甜可口的洋葱，软嫩入味的猪肉，再配上满满的葱丝，
快速又好吃的一道料理，用电锅就能轻松完成喔！

## 材料（2人份）🍴

- 猪里脊肉片 400 克　洋葱 50 克
- 葱 5 克　蒜末 8 克
- 姜末 15 克

## 调味料 A

- 酱油 20 毫升　白糖 10 克
- 米酒 10 毫升　芝麻油 5 毫升
- 黑胡椒粉少许

## 调味料 B

食用油适量

### 1 备好材料
里脊肉片洗净，切小段；洋葱洗净，去皮切丝；葱洗净，切丝。

### 2 腌渍入味
将里脊肉片、蒜末、姜末和所有调味料搅拌均匀，放入冰箱中腌渍 30 分钟。

### 3 预热电锅
按下电锅开关，不要盖上锅盖，预热 3 分钟。

### 4 放入材料
外锅中倒入适量油，烧热后，放入洋葱炒至呈半透明状，再放入腌料，炒至肉片上色，起锅后撒上葱丝即完成。

# 蒸肉末酿苦瓜

蛋白质　30 MIN

苦瓜吃起来甘而不苦，肉馅吃起来干而不柴；每口都有着苦瓜的甘、葱的香，让孕期的你吃了还想再吃。

**材料（3 人份）**

苦瓜段 130 克
肉末 50 克

**调味料**

盐 2 克　鸡粉 3 克
料酒 3 毫升　生抽 5 毫升

## 1 腌渍馅料
肉末中加入生抽、料酒、鸡粉、盐，拌匀，腌渍约 10 分钟。

## 2 放入电锅
取一蒸盘，放入苦瓜段，将腌好的肉末放入苦瓜段中，再将蒸盘放入已经烧开水的电蒸锅中，蒸约 15 分钟。

## 3 取出成品
揭盖，取出蒸盘，待冷却后食用即可。

# 黄瓜镶肉

 维生素C  20 MIN

清淡的大黄瓜搭配香甜的绞肉和鱼浆，以及其他食材的香气，
让这道菜色香味俱全，不但造型好看，也十分美味。

扫一扫·轻松学

## 材料（2人份）🥄🍴

猪绞肉 100 克　鱼浆 30 克　大黄瓜 1 条
胡萝卜末 30 克　香菇末 15 克
虾米末 5 克　姜末 5 克

## 调味料

盐 5 克

## 1 备好材料
大黄瓜洗净去皮，切成 5 厘米高
的小段，挖去中间的籽，成为中
空的管状，备用。

## 2 拌匀馅料
猪绞肉中加入鱼浆、胡萝卜末、
香菇末、虾米末、姜末和盐，搅
拌均匀。

## 3 填入馅料
将馅料填入大黄瓜中空处，并让
馅料微微突出表面，填完后放在
盘子中。

## 4 放入电锅
将盘子放到电锅中，外锅倒入
200 毫升水，按下开关，蒸至开
关跳起即完成。

# 无锡排骨

利用电锅蒸煮排骨，轻松简单又方便，
可以让排骨锁住所有的肉汁，又能使排骨软烂入味。

扫一扫·轻松学

## 材料（2人份）

┌ 猪小排 300 克　姜 3 片
└ 肉桂适量　八角 1 个

## 调味料 A

┌ 酱油 35 毫升　芝麻油 5 毫升
│ 白糖 15 克　太白粉 15 克
└ 绍兴酒 15 毫升

## 调味料 B

┌ 番茄酱 15 克　酱油 15 毫升
│ 芝麻油 8 毫升　乌醋 15 毫升
└ 绍兴酒 8 毫升

## 调味料 C

食用油适量

## 1 备好材料

猪小排洗净，加入调味料 A，搅拌均匀后，腌渍 5 分钟。

## 2 微煎排骨

热锅中倒入适量油，放入腌好的排骨，煎至两面金黄。

## 3 摆放材料

大碗中依序放入煎好的排骨、拌匀的调味料 B、姜片、桂皮以及八角。

## 4 放入电锅

将大碗放到电锅中，外锅倒入 600 毫升水，按下开关，蒸至开关跳起，即可取出盛盘。

# 茄汁排骨

B 族维生素　40 MIN

酸甜好入口的茄汁排骨，利用电锅烹调一点都不麻烦，
不需要一直顾着炉火，完全不担心会烧焦，就能炖煮出软嫩的排骨。

## 材料（2 人份）

┌ 猪小排 300 克
└ 西红柿 300 克

## 调味料

┌ 番茄酱 30 克　米酒 5 毫升
└ 盐 5 克　白胡椒粉少许

**1 备好材料**
猪小排洗净，切小段；西红柿洗净，切小块。

**2 腌渍入味**
猪小排、西红柿和所有调味料拌匀，腌渍 30 分钟。

**3 放入电锅**
内锅中放入腌好的猪小排和腌料，放到电锅中，并加水淹过食材，外锅倒入 600 毫升水，按下开关，蒸至开关跳起。

**4 取出收汁**
热锅中倒入蒸好的猪小排，大火煮至汤汁沸腾后，转中火收干汤汁即完成。

# 南瓜烧肉

 维生素 C  30 MIN

带皮的南瓜营养多多，但烹调前一定要先将南瓜皮刷洗干净，
蒸过之后的南瓜皮不再硬邦邦，反而增添不同的口感。

## 材料（2人份）

□ 猪梅花肉片 300 克　南瓜 200 克
□ 洋葱 100 克　蒜末 5 克

## 调味料 A

□ 米酒 5 毫升
□ 酱油 5 毫升

## 调味料 B

□ 酱油 60 毫升　味醂 60 毫升
□ 米酒 15 毫升　白糖 5 克

## 调味料 C

食用油适量

## 1 备好材料

南瓜外皮刷洗干净，去籽切块；
洋葱切块；肉片中加入调味料 A
腌渍 10 分钟。

## 2 摆放材料

热油锅，爆香蒜末，再放入洋葱
炒香，炒至洋葱呈半透明状，盛
出备用。

## 3 放入电锅

内锅中依序放入南瓜块、炒料、
肉片、调味料 B、200 毫升水，
并加水淹过食材，将内锅放入电
锅中，外锅加 200 毫升水，按下
开关，蒸至开关跳起后，焖 10
分钟即完成。

# Part 2

## 怀孕中期
## 养胎电锅料理

第 15 周到第 27 周的这段期间，为怀孕中期，
这个时期胎儿的细胞数量正在快速增加，成长
迅速，因此所有的营养素需求量都大幅度增
加。怀孕妈妈除了每天均衡摄取各种营养素之
外，在这个时期，因为胎儿骨骼发育的速度加
快，因此还可以特别增加钙质的摄取量，但摄
取钙质的同时，别忘了补充维生素 D，来帮助
钙质的吸收喔！

# 怀孕中期怎么吃?

怀孕中期孕妈咪的体重将增加 5 ~ 6 千克，所以必须增加总热量的摄取，每日平均增加 300 大卡的热能，每周就可以增加 0.5 千克的体重，以提供母体组织增建、胎儿成长和胎盘发育；也因为代谢负荷的增加，再加上要节省蛋白质的消耗，以提供建造组织的功能，故热量增加是必要的。

这时期的孕吐反应减少，胃口大开，可以摄取的食物品项也增加许多；而胎儿的器官持续发展，体重亦快速增加，要多补充钙质与蛋白质。

钙质除了能帮助胎儿的骨骼发展，还能有效预防妊娠高血压，以及缓解孕期常发生的小腿抽筋不适。成年女性每日建议钙质的摄取量为 1000 毫克，孕期再增加 400 毫克。钙对构成牙齿与骨骼的形成，维持心脏、肌肉正常收缩；控制细胞的通透性及维持骨骼及牙齿的健康都是很重要的。因为孕期钙需求量增加，建议少量多次地摄取一天所需的钙质，或是睡前摄取钙质。在夜晚摄取钙质，还能促进良好的睡眠。

蛋白质无论在哪个孕期阶段皆属于重要的营养素。蛋白质可以构成和修复身体的组织、调节生理功能以及提供热量，人体的各组织、器官无一不含蛋白质，摄取足够的蛋白质，才能维持身体组织的更新和运作。因此，只要怀孕妈妈的饮食正常，不挑食，适当食用新鲜肉类、蔬果或豆类，皆能摄取到足够的蛋白质。

孕期
非知不可

### 1. 多摄取天然营养素

在孕期营养的补充方面，其实怀孕妈妈若维持正常且不偏食的饮食习惯，不至于营养缺乏。一般建议多从天然食物中摄取营养，天然营养素有助于人体吸收，没有人工添加物，怀孕妈妈也能吃得更安心健康。

### 2. 斟酌服用营养补充品

怀孕妈妈如果担心营养不足，而要另外补充营养品的话，初期以叶酸、B 族维生素为主；中后期则主要是蛋白质、钙质与铁质。一般来说，怀孕妈妈在初期有严重孕吐情况的话，会比较担心营养不足，此时可以在医生指示下服用营养补充品。

### 3. 营养补充必需适量

怀孕妈妈若服用孕妇维生素，则不需再额外补充其他营养品，以钙质摄取为例，如果平常服用孕妇维生素，再服用钙片，相当吃进了所需的 2 倍分量，反而会增加肾脏的负担。若因过量补充营养品而出现早产或高危险妊娠情况，对于孕妇与胎儿的健康影响更大。怀孕阶段只要正常饮食，且胎儿以正常的生长曲线在发育，营养品仅是扮演辅助的角色。

# 妈妈宝宝钙多多

怀孕中期对于蛋白质的摄取，建议以新鲜蛋白质为主，最好别食用汉堡、培根、火腿、香肠等加工肉品；此外，蛋白质的摄取也不宜过量，以免蛋白质增加太多，导致钙质流失。奶蛋豆鱼肉类是蛋白质的主要来源，不论是植物性蛋白质或动物性蛋白质，都可以均衡补充，不要特定只摄取某一类的蛋白质。

钙质的补充，除了多喝牛奶，也可从豆类食品，或是富含钙质的蔬菜，例如：川七、芥蓝、苋菜、小白菜、黑甜菜、罗勒等来补充。从蔬菜补充钙质的好处，就是还能顺便摄取纤维质，对于怀孕时期容易便秘的妈妈来说，可以多多摄取这些蔬菜，补钙的同时，还能解缓便秘的困扰。补充钙质的同时，一定要记得补充维生素D，可以帮助钙质更能被人体所吸收。此外，有乳糖不适症的怀孕妈妈不能饮用牛奶，则可以改成豆浆，再加入黑芝麻或综合坚果以增加钙质吸收。

除此之外，这段期间也应适量补充铁质，以降低妊娠性贫血的机率，因此，可适当食用红肉类的瘦肉。至于吃素的孕妇，由于人体不易吸收植物性铁质，因此可在餐后搭配富含维生素C的水果，例如：橙子、芭乐、猕猴桃、木瓜、草莓、圣女果等，来增进人体对铁质的吸收。

从孕期第15周开始，胎儿的味觉已逐渐成形，如果妈妈挑食，宝宝出生后也容易挑食，因此从这阶段开始，怀孕妈妈尽量要保持均衡的饮食，摄取6大类食物。

补充钙质
小常识

## 1. 珍珠粉补钙

许多怀孕妈妈相信，怀孕时吃珍珠粉会使宝宝肌肤白晰亮丽，还可以补充钙质。这个观念不是全然错误，但必须提醒怀孕妈妈，在补充这些营养品时，需特别留意成分、来源及建议食用量，以免摄取不当，导致反效果。

## 2. 鱼肝油补钙

过多的鱼肝油、维生素D等都会引起食欲减退、毛发脱落、维生素C代谢障碍等，孕妇补钙过量，胎儿可能会得高钙血症。因此服用营养品之前，最好请医生开适量的营养补充剂，不要随意服用营养品，一定要在医生的指导下进行营养品的补充。

## 3. 钙质摄取的最佳途径

牛奶、豆类制品、绿色蔬菜或小鱼干等日常饮食，就足够补充怀孕妈妈所需的钙质。熬煮大骨汤来喝，有助于宝宝的骨骼发育；牛奶含丰富的蛋白质和钙质，有助于孕妇及胎儿的生长发育，以及胎儿的骨骼生长，并可降低怀孕中后期的抽筋现象。

# 海南鸡饭

 钙  30 MIN

吸收满满鸡汁精华的长米，每一口都充满了鲜甜的香气，
再咬上一口又软又嫩的鸡腿肉，真是大大的满足。

## 材料（2人份）🍴

- 泰国长米 100 克　姜末 2 克
- 去骨鸡腿肉 230 克　蒜末 8 克

## 调味料 A

- 姜泥 30 克
  米酒 30 毫升
  白胡椒粉少许
- 盐少许

## 调味料 B

- 姜泥 50 克
  葱花 50 克
  油葱酥 5 克
- 盐 2 克

## 调味料 C

- 食用油适量
  油葱酥 15 克

扫一扫·轻松学

## 1 备好材料

泰国长米洗净，备用；鸡腿肉洗
净，擦干水分，在肉厚处用刀划
几下，再加入调味料 A，腌渍 5
分钟。

## 2 放入电锅

内锅中依序放入长米、腌好的鸡
腿肉、油葱酥、姜末、蒜末和
300 毫升的水；将内锅放到电锅
中，外锅倒入 200 毫升水，按下
"饭（快煮）"键，蒸好后再焖
10 分钟。

## 3 制作酱汁

热锅中放入 35 毫升的油，待油
烧热后关火，放入调味料 B 拌出
香气，即为酱汁。

## 4 鸡肉切块

打开锅盖，取出鸡腿肉切块，再
将饭、鸡腿肉盛盘，淋上酱汁即
完成。

# 椰汁鸡肉饭

 钙  30 MIN

椰奶的香气与鸡肉是绝妙的搭配，可以让鸡肉吃起来更为滑嫩香软，
加上西红柿的微酸、罗勒的香气，让怀孕妈妈食欲大开。

### 材料（3人份）

白米 100 克　鸡胸肉 180 克　西红柿 100 克　洋葱丁 50 克　盐 2 克
鲜香菇 2 朵　蒜末 20 克　罗勒叶 5 克　无盐奶油 15 克
椰浆 50 毫升　高汤 50 毫升

### 调味料

盐 2 克

## 1 备好材料

白米洗净，沥干；鸡肉洗净切丁；
西红柿、鲜香菇洗净切丁；罗勒
洗净沥干，备用。

## 2 炒香材料

热锅，放入无盐奶油，待奶油融
化后，爆香蒜末，放入洋葱丁、
鲜香菇丁、西红柿丁翻炒均匀，
再加入鸡肉丁翻炒至肉表面变
白，接着加入白米翻炒约 30 秒
后，加入高汤、椰浆、盐拌匀。

## 3 放入电锅

将拌匀的炒料放入内锅中，外锅
加 200 毫升水，按下开关，蒸至
开关跳起，再焖 5 分钟。

## 4 搅拌均匀

打开锅盖，将蒸好的椰汁饭搅拌
一下，最后撒上罗勒叶即完成。

# 金葱鲍鱼粒炒饭

 钙  20 MIN

颗颗饱满弹牙的鲍鱼粒，倒入炒得松软的米饭中，加上各种香味十足的配料，
怎能不让孕期中的你食欲大开？

## 材料（2人份）

鲍鱼 60 克　冷米饭 160 克
洋葱 50 克　香菇 3 个
蛋液 60 克

## 调味料

盐 2 克　鸡粉 2 克
生抽 5 毫升　食用油适量

### 1 备好材料

洋葱洗净，切小块；香菇洗净，切丁；
鲍鱼处理干净，切丁。

### 2 烫煮鲍鱼

将鲍鱼放入开水锅中氽煮 1 分钟后
捞出。

### 3 放入电锅

备好电锅，倒入食用油，加入洋葱
块、香菇丁，炒香，再倒入米饭炒
散，加入蛋液炒匀，加入鲍鱼炒匀。

### 4 炒匀调味

加入生抽、盐、鸡粉，炒匀，装入
碗中即可。

# 起司野菇炖饭

 钙  30 MIN

起司是补充钙质的最佳食材之一，但过咸的味道让许多怀孕妈妈不喜欢吃，这时候只要搭配各种菇类，吃起来就能清爽不腻口喔！

## 材料（2人份）

- 白米 100 克　洋葱丁 30 克　蘑菇 70 克
- 鲜香菇 40 克　鸿喜菇 60 克　蒜末 10 克
- 无盐奶油 30 克　起司丝 60 克　高汤 200 毫升

## 调味料

- 米酒 20 毫升
- 盐 2 克
- 黑胡椒粒适量

## 1 备好材料

白米洗净，沥干；蘑菇洗净，对半切；香菇洗净切片；鸿喜菇洗净，切去根部，切小段备用。

## 2 炒香材料

热锅，放入无盐奶油，待奶油融化后，爆香蒜末、洋葱丁，再加入蘑菇、香菇、鸿喜菇拌炒均匀，最后加入白米、盐和米酒，略微拌炒一下。

## 3 放入电锅

拌匀的炒料放入内锅中，加入高汤，外锅加 200 毫升水，按下开关，蒸至开关跳起，再焖 5 分钟。

## 4 搅拌均匀

打开锅盖，将蒸好的野菇炖饭搅拌一下，最后撒上起司丝，盖上锅盖再焖 5 分钟，最后撒上黑胡椒粒即完成。

# 小银鱼鸡蛋粥

新鲜的小银鱼鱼透亮透亮的，小小一尾就包含许多钙质，
是怀孕妈妈缺乏钙质时最天然的补钙食材。

**材料（1 人份）**

白米 100 克　小银鱼 20 克
鸡蛋 1 个

**调味料**

盐少许

## 1 备好材料
白米洗净，沥干；小银鱼洗净，泡
水备用；鸡蛋打散，备用。

## 2 先煮白粥
内锅中放入白米，加 1000 毫升水，
将内锅放入电锅中，外锅加 200 毫
升水，按下开关，蒸至开关跳起后，
焖 10 分钟。

## 3 加入材料
打开锅盖，放入小银鱼，淋入蛋液，
略微拌匀后，外锅加 100 毫升水，
按下开关，蒸至开关跳起。

## 4 搅拌均匀
打开锅盖，在蒸好的鸡蛋粥中加盐
调味，搅拌均匀，即可盛碗享用。

# 苋菜鸡蛋粥

维生素D

20 MIN

苋菜含有丰富的钙质，跟富含维生素 D 的鸡蛋一起熬煮成粥，
更有利于钙质的吸收，怀孕妈妈可以多多食用。

## 材料（2 人份）

- 白米 100 克　猪绞肉 50 克
- 苋菜 200 克　胡萝卜 25 克
- 鸡蛋 1 个　葱 1 支　柴鱼片适量

## 调味料

- 盐适量　白胡椒粉少许
- 芝麻油少许

## 1 备好材料
胡萝卜洗净，去皮切丝；苋菜洗净，切成段；青葱葱白部分切成葱花，绿色部分切丝；鸡蛋打散，备用。

## 2 先煮白粥
内锅中放入白米，加 1000 毫升水，将内锅放入电锅中，外锅加 200 毫升水，按下开关，蒸至开关跳起后，焖 10 分钟。

## 3 加入材料
打开锅盖，放入猪绞肉、胡萝卜、苋菜、葱，淋入蛋液，略微拌匀后，外锅加 100 毫升水，按下开关，蒸至开关跳起。

## 4 搅拌均匀
打开锅盖，在蒸好的鸡蛋粥中加盐、白胡椒粉调味，搅拌均匀后淋上少许芝麻油，最后撒上柴鱼片即可。

# 莲香菱角排骨小米粥

 蛋白质  35 MIN

小米比一般白米更好吸收，且含有多种营养素，
再配上清香的菱角和软嫩的排骨，就是一碗营养丰富的粥品。

**材料（2人份）**

小米 50 克　猪小排 50 克　莲子 40 克
菱角 40 克　芹菜 15 克　香菜 5 克

**调味料**

盐适量

**1 备好材料**

小米洗净，泡水 30 分钟；猪小排洗净；莲子洗净，泡水 1 小时；菱角去壳，取出菱角仁备用；芹菜洗净，切末；香菜洗净，取叶，沥干备用。

**2 汆烫小排**

烧一锅滚水，加少许盐，放入猪小排汆去血水，取出沥干备用。

**3 放入电锅**

内锅中依序放入小米、莲子、菱角仁、芹菜、猪小排，加适量水，外锅加 400 毫升水，按下开关，蒸至开关跳起后，再焖 10 分钟。

**4 搅拌均匀**

打开锅盖，在蒸好的小米粥中加盐调味，搅拌均匀，最后撒上香菜即可。

# 芋头鲜蚵粥

维生素 D　35 MIN

牡蛎软嫩鲜甜的口感，以及芋头松软香甜的绵密感，
吃起来又香又软又绵，越吃越顺口。

## 材料（2 人份）

白米 100 克　猪绞肉 30 克
牡蛎 100 克　芋头 50 克
红葱头末 15 克　葱花 30 克

### 调味料

米酒适量　盐适量

## 1 备好材料

白米洗净，泡水 30 分钟；牡蛎
洗净，沥干备用；芋头洗净去皮，
切小块，备用。

## 2 汆烫牡蛎

烧一锅滚水，加入米酒，放入牡
蛎汆烫去腥味，烫熟后取出沥干
备用。

## 3 放入电锅

内锅中依序放入白米、猪绞肉、
芋头、红葱头末、盐，加适量水，
外锅加 400 毫升水，按下开关，
蒸至开关跳起后，再焖 10 分钟。

## 4 搅拌均匀

打开锅盖，在蒸好的芋头粥中放
入烫熟的牡蛎搅拌均匀，最后撒
上葱花即可。

# 火腿蛋汁意大利面

维生素 D　20 MIN

浓郁的蛋黄酱，紧紧吸附在每一根面条上头，
方便又快速的电锅煮意大利面法，让怀孕妈妈轻松享受意大利菜。

## 材料（2 人份）

意大利直面 150 克　火腿 2 片
熟蛋黄 2 个　蒜末 15 克
鲜奶油 30 克　橄榄油适量

## 调味料

盐适量　黑胡椒粒适量

### 1 备好材料
意大利直面用热水泡 10 分钟；火
腿洗净，切片；蛋黄压碎，备用。

### 2 摆放材料
内锅中依序放入意大利面、火腿、
蛋黄、蒜末，再倒入鲜奶油、盐、
橄榄油和适量的水。

### 3 放入电锅
将内锅放到电锅中，外锅倒入 300
毫升水，按下开关，蒸至开关跳起。

### 4 搅拌均匀
打开锅盖，将蒸好的意大利面拌匀，
最后撒上黑胡椒粒即完成。

# 奶油鸡肉意大利面

 钙  30 MIN

白酱的浓醇美味，吃过一次就难以忘怀，
用电锅煮出来的意大利面，美味程度完全不打折。

## 材料（2 人份）

意大利直面 150 克　鸡胸肉 50 克
芦笋 30 克　蒜末 15 克
白酱 100 克　高汤 100 毫升

## 调味料

帕玛森起司粉 15 克
盐 5 克　黑胡椒粉适量
意大利香料粉少许

### 1 备好材料
意大利直面用热水泡 10 分钟；
芦笋洗净，切小段；鸡胸肉切片，
加入盐、黑胡椒粉，腌渍入味。

### 2 摆放材料
内锅中依序放入芦笋、意大利
面、鸡胸肉、蒜末，再倒入白酱、
高汤、盐、黑胡椒粉。

### 3 放入电锅
内锅放入电锅，外锅倒入 300 毫
升水，按下开关，蒸至开关跳起。

### 4 搅拌均匀
打开锅盖，将蒸好的意大利面拌
匀，最后撒上香料粉和起司粉即
完成。

# 蚬精

怀孕妈妈想要补充精力，却又担心市面上的蚬精不天然，
自己动手做蚬精快速又方便，轻轻松松补充妈妈的元气。

**材料（1 人份）**

蚬 150 克

**调味料**

盐适量

## 1 备好器具
在电锅中放入内锅，然后在内锅中间放一个碗。

## 2 备好材料
将蚬泡在水中，加入盐拌匀，静置一段时间令其吐沙，吐完沙后洗净备用。

## 3 放入电锅
将吐沙后的蚬放在内锅中碗的四周，外锅加 200 毫升水，按下开关，蒸至开关跳起。

## 4 去蚬留汤
打开锅盖，将蒸好的蚬取出，留下的汤汁就是蚬精。

# 小鱼干豆腐味噌汤

钙质丰富的小鱼干，熬出的汤头鲜美好喝，
汤里是吸收了满满汤汁的豆腐，让怀孕妈妈喝了钙多多。

**材料（2人份）**　　　　　　**调味料**

小鱼干 50 克　干海带芽 20 克　　白味噌适量
豆腐 100 克　葱花适量
柴鱼片适量

## 1 备好材料

小鱼干洗净，备用；干海带芽用水泡开；豆腐切成丁状。

## 2 摆放材料

内锅中依序放入小鱼干、泡开的海带芽和适量水。

## 3 放入电锅

将内锅放入电锅，外锅加 200 毫升水，按下开关，蒸至开关跳起。

## 4 放入豆腐

打开锅盖，放入豆腐，并将白味噌放在筛网上，过筛溶入汤汁中，接着外锅加 100 毫升水，按下开关，蒸至开关跳起。

## 5 撒上葱花

在蒸好的味噌汤中加入柴鱼片，搅拌一下，最后撒上葱花即可。

# 大根味噌鸡汤

 钙　 30 MIN

炖煮到又软又入味的白萝卜，以及香滑软嫩的鸡腿肉，
喝起来清爽不油腻，还有萝卜特有的甘甜。

## 材料（2 人份）🍴　调味料

┌ 鸡腿肉 200 克　白萝卜 100 克　　┌ 白味噌 20 克　盐 2 克
└ 葱花 10 克　　　　　　　　　　　　└ 米酒少许

**1 备好材料**
白萝卜洗净去皮，切大块；鸡肉
洗净，沥干备用。

**2 汆烫鸡肉**
烧一锅滚水，加少许盐，放入鸡
肉汆烫去血水，捞出沥干备用。

**3 调好酱汁**
白味噌用水调开，加入盐、米酒
搅拌均匀成酱汁，备用。

**4 放入电锅**
内锅中依序放入白萝卜、鸡腿
肉、调好的酱汁、适量的水，将
内锅放入电锅中，外锅加 400 毫
升水，按下开关，蒸至开关跳起。

**5 撒上葱花**
打开锅盖，撒上葱花即完成。

# 香菇红枣鸡汤

钙 20 MIN

干香菇的香气比新鲜香菇浓郁许多，因此在烹调汤品的时候，使用干香菇会更好，不但香气十足，口感也完全不输新鲜香菇。

**材料（2人份）**

- 鸡腿肉 300 克　干香菇 6 朵
- 红枣 6 颗　姜 3 片

**调味料**

- 盐 5 克
- 米酒 15 毫升

扫一扫·轻松学

## 1 备好材料

鸡腿肉洗净切块，放入加盐的滚水中汆烫去血水；香菇用水泡软；红枣洗净，备用。

## 2 摆放材料

大碗中依序放入鸡腿肉、香菇、红枣、姜片、米酒，最后加水淹过所有食材。

## 3 放入电锅

将大碗放到电锅中，外锅倒入200毫升水，按下开关，蒸至开关跳起，再焖 5 ~ 10 分钟后，加盐调味即完成。

# 绿豆沙牛奶

天气热乎乎，怀孕妈妈想来杯清凉解渴的饮料，
简简单单就可以完成的绿豆沙牛奶，好喝顺口又营养，推荐给怀孕妈妈喔！

## 材料（2 人份）

绿豆 100 克
鲜奶 300 毫升

**调味料**

白糖 80 克

### 1 备好材料
绿豆清洗干净，浸泡 3 小时。

### 2 放入电锅
将泡好的绿豆放入内锅中，外锅加
300 毫升水，按下开关，蒸至开关
跳起，再焖 30 分钟。

### 3 加糖拌匀
打开锅盖，加入白糖搅拌均匀，续
焖 10 分钟。

### 4 搅打均匀
取出蒸好的绿豆，放凉后放入调理
机中，再加入鲜奶，搅打均匀即可
享用。

# 柚子茶

维生素 C　60 MIN

柚子清香的气味，用来泡成柚子茶饮用，
不但可以消除疲劳，还能补充维生素 C；热热喝、冷冷喝都美味喔！

## 材料（10 人份）

白柚果肉 500 克
白柚果皮 60 克

## 调味料

白糖 300 克　蜂蜜 100 克
柠檬汁 20 毫升

### 1 备好材料
将柚子去皮取出果肉，去籽后掰成小块，备用。

### 2 去除苦味
烧一锅滚水，放入柚子皮，待煮滚后转小火，续煮 20 分钟，倒掉热水，再重复这个步骤 1 次。

### 3 处理柚子皮
将煮过的柚子皮泡入冷水中，刮去半透明状的部分，切成细丝。

### 4 放入电锅
将柚子皮和果肉放入电锅中，加入所有调味料和适量水，外锅加 400 毫升水，按下开关，蒸至开关跳起，搅拌均匀即为柚子酱。取适量柚子酱，加冷开水或热开水泡成柚子茶，即可饮用。

# 腰果西芹炒虾仁

 钙  15 MIN

腰果的味道很香，西芹含有丰富的纤维素，二者搭配口感脆香，有利于改善孕妇胃口、增进食欲，还能帮助孕妇消化，促进孕妇吸收营养，改善便秘症状。

## 材料（3人份）

腰果 80 克　虾仁 70 克
西芹段 150 克　蛋清 30 克
姜末少许　蒜末少许

## 调味料

盐 3 克　干淀粉 5 克
料酒 5 毫升　食用油 10 毫升

### 1 腌渍虾仁
取一碗，放入处理好的虾仁，加入蛋清、干淀粉、料酒，拌匀后腌渍10 分钟。

### 2 烫煮西芹
锅中注入适量清水烧开，倒入洗好的西芹段，焯煮约 2 分钟后捞出。

### 3 放入电锅
备好电锅，倒入食用油，放入腰果，炒至微黄，盛出；再倒入姜末、蒜末，爆香，放入虾仁翻炒约 2 分钟至转色。

### 4 调味出锅
放入西芹段，炒匀，加盐，炒匀入味；倒入腰果，炒匀，盛出即可。

# 蜜黑豆

B 族维生素

60 MIN

黑豆的营养可以帮助怀孕妈妈减缓孕期的不适感，
微甜的蜜黑豆，吃起来香甜可口。

**材料（3 人份）**

黑豆 70 克

**调味料**

酱油 30 毫升　白糖 30 克

**1** 备好材料

黑豆洗净，备用。

**2** 调好酱汁

将酱油、白糖、1000 毫升冷开
水混合均匀，以中火加热至糖溶
化，即为酱汁。

**3** 放入电锅

将酱汁放入内锅中，冷却后再放
入黑豆；将内锅放到电锅中，外
锅倒入 400 毫升水，按下开关，
蒸至开关跳起。

**4** 放进冰箱

待黑豆冷却后，放进冰箱冷藏 2
小时即完成。

# 蚝油红薯叶

 钙  20 MIN

新鲜的红薯叶只要用水烫熟，撒上一些蒜末，再淋上一点蚝油，
就是简单又家常的美味，推荐给胃口不好的孕妈咪。

## 材料（3 人份）

红薯叶 200 克
蒜末适量

### 调味料

香菇素蚝油适量

## 1 备好材料
红薯叶洗净，去硬梗，切成小段。

## 2 电锅煮水
内锅中放入适量水，将内锅放入电
锅中，外锅加 200 毫升水，蒸至开
关跳起。

## 3 放入红薯叶
将红薯叶放进内锅滚水中，盖上锅
盖，焖 10 分钟。

## 4 搅拌均匀
打开锅盖，取出红薯叶，加入蒜末、
蚝油搅拌均匀即完成。

# 萝卜蔬菜卷

维生素 C

30 MIN

清爽可口又简单容易的一道料理，色彩鲜艳让孕妈咪食欲大开，
包在萝卜片中的配料可以随意搭配。

## 材料（1人份）

- 蟹肉棒 3 根　腌萝卜 3 片
- 芦笋 30 克　黄甜椒 25 克

## 调味料

盐 2 克

## 1 备好材料

蟹肉棒洗净，备用；芦笋洗净，切去根部，放入加了盐的滚水中氽烫一下，立即捞起沥干备用；黄甜椒洗净，切丝备用。

## 2 摆放材料

取腌萝卜片，平铺在砧板上，依序放上蟹肉棒、芦笋、黄甜椒。

## 3 牙签固定

将萝卜片轻轻卷起，包住所有材料后，用牙签固定住。

## 4 放入电锅

将萝卜蔬菜卷放到电锅中，外锅倒入 100 毫升水，按下开关，蒸至开关跳起即完成。

# 味噌煮

钙 / 20 MIN

香甜浓郁的白味噌，是味噌中咸度较低的，
用白味噌炖煮出来的肉片和土豆，香甜软嫩，怀孕妈妈可以多吃。

## 材料（2人份）

猪梅花肉片 100 克　洋葱 100 克
土豆 200 克　葱花适量

## 调味料

白味噌 30 克　味酥 15 毫升

## 1 备好材料

洋葱洗净，去皮切小块；土豆洗净，
去皮切块；肉片洗净，切小段。

## 2 调好酱汁

白味噌中加入味酥、适量水，搅拌
均匀，调成酱汁，备用。

## 3 放入电锅

内锅中依序放入洋葱、土豆、肉片、
调好的酱汁，将内锅放入电锅中，
外锅加 200 毫升水，按下开关，蒸
至开关跳起。

## 4 撒上葱花

打开锅盖，撒上葱花即完成。

# 丁香甘露煮

 钙  30 MIN

把丁香鱼放在咸甜酱汁中蒸煮，让丁香鱼慢慢入味，
最后再撒上白芝麻和柴鱼片，就是下饭的好滋味。

### 材料（2人份）

┌ 丁香鱼 50 克　姜片适量
└ 柴鱼片适量　白芝麻适量

### 调味料

┌ 酱油 35 毫升　酱油膏 35 克
└ 米酒 35 毫升　味醂 35 毫升

## 1 备好材料
丁香鱼洗净，沥干备用。

## 2 摆放材料
在电锅内锅中依序放入姜片、丁香鱼、所有调味料，并加水 500 毫升。

## 3 放入电锅
将内锅放入电锅中，外锅加 200 毫升水，按下开关，蒸至开关跳起后，再焖 5 分钟。

## 4 热锅收汁
热锅中放入蒸好的丁香鱼和酱汁，煮至微微浓稠，收汁后撒上柴鱼片和白芝麻即完成。

# 煎蛋卷

维生素 D

15 MIN

将所有食材切碎，拌入蛋汁中，再煎成蛋卷，
一口咬下，可以吃到所有食材的美味。

## 材料（3 人份）

鸡蛋 5 个　海苔片 1 张
洋葱末 15 克　胡萝卜末 15 克
葱花 15 克

### 调味料

盐少许　食用油适量

## 1 备好材料

海苔片对切；鸡蛋打散，加入洋葱
末、胡萝卜末、葱花、少许盐和 30
毫升的水，搅拌均匀。

## 2 预热电锅

按下电锅开关，不要盖上锅盖，预
热 3 分钟。

## 3 放入材料

外锅中倒入适量油，烧热后，倒入
1/3 混合好的蛋汁，放上半张海苔
片，慢慢卷起来，卷一半后再倒入
1/3 蛋汁，放入剩下的半张海苔片，
继续卷起来，卷完后倒入剩下的蛋
汁，一样卷起来，卷好后，取出切
厚片即完成。

# 杏鲍菇酱蛋

维生素 D　　20 MIN

用咸香的卤汁，卤出入味的杏鲍菇和鸡蛋，
不会太咸也不会太甜，恰到好处的滋味，一试难忘。

## 材料（2 人份）

水煮蛋 3 个　洋葱 25 克
杏鲍菇 100 克

## 调味料

酱油 200 毫升
白糖 20 克　米酒 100 毫升

### 1 备好材料

水煮蛋去壳；洋葱洗净，去皮切
块；杏鲍菇洗净，切块。

### 2 摆放材料

内锅中依序放入洋葱、水煮蛋、
杏鲍菇、酱油、米酒、白糖，再
加入 200 毫升的水。

### 3 放入电锅

将內锅放到电锅中，外锅倒入
200 毫升水，按下开关，蒸至开
关跳起，再焖 10 分钟即完成。

# 炒土豆丝

B 族维生素

20 MIN

洗去多余淀粉质的土豆，有别于一般土豆松软的口感，
炒起来又香又脆口，是意想不到的新奇口感。

## 材料（2人份）

土豆 100 克　洋葱 25 克
红甜椒 20 克　白芝麻 5 克

## 调味料

盐少许　食用油适量
白胡椒粉少许

## 1 备好材料

洋葱洗净，去皮切丝；红甜椒洗
净，切丝备用；土豆洗净，去皮
切丝，再用水冲洗 3 ~ 5 次，去
除表面的淀粉。

## 2 预热电锅

按下电锅开关，不要盖上锅盖，
预热 3 分钟。

## 3 放入材料

外锅中倒入适量油，烧热后，放
入土豆丝炒至呈半透明状，再放
入洋葱丝、盐、白胡椒粉拌炒均
匀，待洋葱炒软后，再放入红甜
椒炒 2 分钟，起锅前撒上白芝麻
即完成。

# 韩式炒杂菜

维生素 C　20 MIN

Q 弹有劲的韩式粉丝，加上各式各样自己喜欢的蔬菜，
不管搭配鸡肉、猪肉、牛肉、羊肉都很适合，是变化多端的一道料理。

## 材料（4 人份）

韩式粉丝 100 克　猪肉丝 100 克　菠菜 50 克
胡萝卜 25 克　洋葱 25 克　木耳 1 片
鸿喜菇 30 克　蒜泥 5 克　白芝麻 5 克

## 调味料 A

酱油 60 毫升　白糖 30 克
芝麻油 10 毫升　白胡椒粉少许

## 调味料 B

食用油适量

### 1 调好酱汁

将蒜泥、白芝麻和调味料 A 混合
均匀，调成酱汁备用。

### 2 备好材料

粉丝放入滚水中煮 5 分钟，捞起
后剪成小段，加少许油拌开；猪
肉丝中加入 15 毫升调好的酱汁，
腌渍 10 分钟；菠菜洗净切小段；
鸿喜菇洗净，切去根部；胡萝卜、
洋葱洗净，去皮切丝；木耳洗净，
切丝。

### 3 预热电锅

按下电锅开关，不要盖上锅盖，
预热 3 分钟。

### 4 放入材料

外锅中倒入适量油，烧热后，放
入猪肉丝炒至变白，再放入洋
葱、胡萝卜、木耳、鸿喜菇，炒
软后，放入菠菜拌炒一下，最后
放入粉丝和酱汁，炒至粉丝入味
即完成。

# 珍珠丸子

蛋白质　40 MIN

外层是又Q又香的糯米，包覆着咸香软嫩的绞肉，
看起来圆胖可爱又有饱足感的一道餐点。

## 材料（2人份）

| 糯米 100 克　猪绞肉 300 克　虾仁 100 克 |
| 鸡蛋 1 个　胡萝卜 25 克　干香菇 3 朵 |
| 葱花 15 克　蒜末 5 克 |

## 调味料

| 盐 10 克　酱油 20 毫升 |
| 芝麻油 15 毫升　米酒 15 毫升 |
| 太白粉 15 克 |

## 1 备好材料

糯米泡水 1 小时，沥干备用；猪绞肉用刀再剁细一点；虾仁洗净去肠泥，剁成虾泥；香菇用水泡开后，切末；胡萝卜洗净，去皮切末；蛋打散，备用。

## 2 拌匀馅料

绞肉加上所有切好的材料、葱花、蒜末、蛋液、太白粉及调味料，搅拌均匀，备用。

## 3 裹上糯米

混合均匀的肉馅用手捏取适当大小，沾点水在手心中滚圆成肉丸子，接着放在糯米上滚动，使外表均匀沾上一层糯米粒。

## 4 放入电锅

将沾好糯米的珍珠丸子摆进铺有蒸笼布的小蒸笼中，再放入电锅中，外锅加 300 毫升水，蒸至开关跳起即完成。

# 西红柿镶肉

维生素 C

30 MIN

整个西红柿包裹着多汁的绞肉和清甜的蔬菜,
一个西红柿镶肉就包含了怀孕妈妈一日所需的各种营养素。

**材料（2 人份）**

┌ 猪绞肉 150 克　茭白 15 克　胡萝卜 15 克
├ 芦笋 10 克　西红柿 200 克　姜末 5 克
└ 玉米粉少许　葱花少许

**调味料**

┌ 盐 5 克
└ 黑胡椒粉少许

扫一扫·轻松学

## 1 备好材料
茭白、芦笋洗净切小丁；胡萝卜洗净，去皮切小丁；西红柿洗净，切去 1/3 蒂头部分，将果肉挖空，备用。

## 2 拌匀馅料
猪绞肉中加入胡萝卜、茭白、芦笋、西红柿果肉、盐、黑胡椒粉、姜末、玉米粉搅拌均匀。

## 3 填入馅料
将馅料填入西红柿中空处，并让馅料微微突出表面，填完后放在盘子中。

## 4 放入电锅
将盘子放到电锅中，外锅倒入 200 毫升水，按下开关，蒸至开关跳起后，撒上葱花即完成。

# 豆腐虾

钙　20 MIN

美观又简单的一道宴客菜，只要少少的食材和调味，
就能做出漂亮又营养好吃的豆腐虾，快来试试看吧！

## 材料（3 人份）

虾仁 100 克　鸡蛋豆腐 100 克
姜末 5 克

### 调味料

米酒 15 毫升　味醂 15 毫升
白胡椒粉少许　太白粉少许

## 1 备好材料

虾仁洗净，去肠泥，剁成碎末，加
米酒、太白粉腌渍入味；豆腐切厚
片状，备用。

## 2 放入电锅

将豆腐放在盘子中，摆上虾仁，放
入电锅中，外锅加 100 毫升水，按
下开关，蒸至开关跳起。

## 3 制作酱汁

热锅，放入味醂、白胡椒粉、姜末，
加少许水煮滚，再以太白粉水勾芡，
即为酱汁。

## 4 淋上酱汁

取出蒸好的豆腐，淋上煮好的酱汁，
即可享用。

# 葱油鸡

 钙  20 MIN

利用鸡肉本身的鸡油制作的葱油酱，香气浓厚，因为加了大量的葱，让酱汁更为清爽，配上鸡肉一起入口，就是最单纯的美味。

## 材料（2 人份）

去骨鸡腿肉 150 克　盐少许
姜末 8 克　姜 5 片
葱白段适量　葱花 30 克

## 调味料

绍兴酒 10 毫升

## 1 备好材料

鸡腿洗净，放在深盘中，两面均匀抹上盐和绍兴酒后，放上葱白段和姜片，放进冰箱冷藏 1 小时，腌渍入味。

## 2 放入电锅

将腌好的鸡腿放入电锅中，外锅加 200 毫升水，按下开关，蒸至开关跳起后，再焖 10 分钟，取出鸡腿，捞出盘中鸡汤的鸡油，留下备用。

## 3 制作葱油酱

热锅中放入鸡油，烧热后淋在姜末和葱花上面，搅拌匀后即为葱油酱。

## 4 淋上酱汁

将鸡腿切块，淋上葱油酱即可。

# 芦笋鸡肉卷

钙　20 MIN

鸡腿肉去掉多余的油脂后，吃起来软嫩却不油腻，
再加上鲜绿脆口的芦笋，营养均衡又可口。

## 材料（2 人份）

去骨鸡腿肉 150 克　芦笋 30 克
土豆 100 克

### 调味料

米酒 15 毫升　盐 15 克
黑胡椒粒少许

### 1 备好材料
鸡腿肉洗净，切去多余的油脂，加入调味料腌渍片刻；芦笋洗净，备用；土豆洗净去皮，切成长条状。

### 2 摆放材料
鸡腿肉摊开，放上芦笋和土豆，再卷起来，用棉线绑起来固定住。

### 3 放入电锅
将卷好的鸡肉卷放入盘子中，再放进电锅，外锅加 200 毫升水，按下开关，蒸至开关跳起。

### 4 切成厚片
将蒸好的鸡肉卷拆去棉线，切成厚片状即完成。

# Part 3

## 怀孕后期
## 养胎电锅料理

怀孕后期随着胎儿的增大，腹部逐渐膨胀，
一想到马上就能与宝宝见面，孕妈咪心中会
充满期待和激动，这时期要细心预防妊娠高
血压的产生，并养足精力，健康的生活和对
分娩的信心是顺产的首要条件。为了避免体
重增加太多，后期的饮食以高蛋白、低热量
为主，尤其要多多补充身体容易缺乏的铁质
和维生素。

# 7~10月

# 怀孕后期怎么吃?

怀孕后期是胎儿各部位器官快速发展、成熟的重要阶段,这时期孕妈咪的子宫上移到胸部以上,会严重压迫心脏,所以容易感到不适,食欲也有可能因此下降许多,最好将一日三餐分成 4 ~ 5 次来吃,以少量多餐的方式进食。此外,烹调食物时,尽量采用能够促进消化的调理方法,要避免食用油炸食品,最好使用蒸、煮的方式来料理食物。

从怀孕开始,孕妇的红血球会大量增加,而胎儿所需的铁质也在增加,尤其是怀孕后期为了避免缺铁所导致的缺铁性贫血,孕妈咪必须多多补充铁质,跟怀孕前相比,最好增加60% ~ 80% 的铁质摄取量。

此外,怀孕后期的饮食,要特别控制盐分的摄取,通常这个阶段的孕妈咪,水肿状况较为严重,应妥善控制盐分摄取,以免造成体内水分滞留,导致水肿情形加重。因此,日常饮食尽量少喝汤品、避免食用酱料。

由于此时的子宫增大、腹部明显隆起,容易影响肠胃的吸收与消化,出现便秘问题,严重的话甚至会产生褥疮、结肠炎等,建议怀孕妈妈在后期要多摄取高纤维质的食物。蔬菜水果中的纤维质含量较高,原则上,每餐应食用 3 ~ 4 份蔬菜,其中 1 份为绿色蔬菜,以增加叶酸;另 1 份则可选择富含纤维的香菇;而其他 2 份则可自行搭配红色、黄色或紫色的蔬菜以增加食材的多样性。

为了避免怀孕后期孕妈咪的体重增加太多,这时期的饮食控制要注意热量的摄取,避免增加过多的体重,而提升生产时的困难度。

产前
孕妈咪
身体变化

### 1. 胎动明显减少

孕期最后 1 个月,胎动的次数会明显减少,胎儿仍会继续成长,但此时部分羊水会被母体吸收,包围胎儿的羊水减少,使得胎儿的活动空间随之变小,因此胎动不如之前活跃。

### 2. 出现腹部下坠感

随着分娩的临近,孕妈咪的腹部会有明显的变化,肚脐到子宫顶部的距离缩短,腹部会有下坠感,这是胎儿头部进入产道时引发的现象。

### 3. 下腹时常有收缩和疼痛感

随着预产期的靠近,下腹部会经常出现收缩或疼痛,甚至会产生阵痛的错觉,疼痛不规则时,并非阵痛,而是身体为了适应生产时的阵痛而出现的正常现象。

### 4. 子宫口变软,分泌物增加

随着分娩期的接近,子宫口会开始变得湿润、柔软、富有弹性,有助于胎儿顺产。这个时期,子宫的分泌物会增加,要经常换洗内裤、勤于清洁。有些孕妇的子宫口会提前张开,这时最好保持心神稳定,继续观察身体变化。

怀孕后期的饮食应以容易消化的豆腐或海鲜类食材为主，运用煮、蒸、汆烫等烹饪方法进行烹调，进一步减轻肠胃的负担。油炸或使用大量油分煎炒的食物不但不容易消化，而且热量较高容易导致肥胖，应该避免食用这类食物。

对于加工食品、速食也要尽量少吃，由于其盐分含量高、营养素少、热量高，并不是有益人体健康的食品，会使孕妇容易变胖，且摄取过多的盐分，还有可能导致妊娠高血压等疾病，建议少吃为宜。

此外，怀孕后期在饮食方面，要减少盐分的摄取量，如果原本孕妈咪的口味就偏重，更要节制，必须让自己转变口味，改吃清淡的食物。做菜的时候也尽量使用天然的调味料，并选用能减少盐分摄取的烹调方法。

这一时期仍旧要均衡摄取各种营养素，想要养出头好壮壮的胎儿，均衡且多样化的饮食搭配，是最有效的方法，并增加铁质、蛋白质、钙质的摄取量，让胎儿在怀孕后期仍可以稳定地成长发育。

其中铁质是构成血液中血红蛋白的重要元素，如果因缺铁而引起贫血，可能会导致难产，所以这一时期要特别补充铁质。肝脏或肉类中的瘦肉、沙丁鱼、青花鱼、牡蛎等食物中含有大量的铁质，而豆腐、黄豆、菠菜等植物性食品中也富含铁质。但摄取铁质要注意，过量可能会造成便秘、腹痛、腹泻等肠胃问题。

分娩前夕
准备事项

**1. 做好迎接宝宝的准备**

事先为婴儿床、被褥的存放以及婴儿用品的摆放，腾出一些空间。在坐月子中心进行产后护理时，事先要把所需的物品送到坐月子中心，另外，出院时需要的婴儿衣物要跟出院用品一起整理。

**2. 准备好住院用品**

要重新确认已经准备好的住院用品，接受定期检查时，先领取住院用品清单，然后对照清单逐项准备。因为不知道会在什么情况下住院，所以装有住院用品的提包应该放在容易找到的地方，而母子手册、健保卡、门诊手册等住院时需要的证件要放在随身携带的小包包内。

**3. 了解分娩当天的过程**

突然出现阵痛容易慌张，所以要事先了解住院时要处理的程序。为了随时保持联系，要确认紧急联络人的电话号码是否有正确填写。

**4. 做好心理准备**

随着分娩期的临近，对宝宝的期待和对分娩的恐惧越来越强烈，心理不安或疲劳时，要重新练习开始阵痛到分娩的整个过程，以及分娩呼吸的方法。

# 牛蒡鸡肉炊饭

蛋白质　30 MIN

牛蒡含有许多纤维质，可以增加肠道的蠕动，帮助怀孕妈妈顺利排便，脆脆的口感配上软嫩的鸡肉，绝佳的好滋味。

## 材料（3 人份）

白米 100 克　鸡胸肉 150 克
牛蒡 50 克　毛豆仁 30 克

## 调味料

酱油 15 毫升　味醂 10 毫升

### 1 备好材料
白米洗净，沥干备用；鸡胸肉洗净切丝；牛蒡刷去外皮，削成丝后泡在水中；毛豆仁洗净，备用。

### 2 摆放材料
内锅中依序放入白米、牛蒡、毛豆仁、鸡胸肉、酱油、味醂以及适量的水。

### 3 放入电锅
将内锅放进电锅中，外锅加 200 毫升水，按下开关，蒸至开关跳起后，再焖 10 分钟。

### 4 搅拌均匀
打开锅盖，将蒸好的炊饭用饭匙搅拌均匀，盛在碗中即可享用。

# 山药牛肉菜饭

 铁  25 MIN

山药切成薄片状，吃起来不像煮汤的山药那样松软，
反而多了爽脆的口感，与滑嫩的牛肉非常搭配。

## 材料（3人份）

白米 100 克　牛肉片 100 克
山药 50 克　甜豆 20 克
姜丝少许

## 调味料

米酒适量　酱油适量
盐少许

### 1 备好材料

白米洗净，沥干备用；牛肉片洗
净，加入米酒、酱油腌渍入味；
山药洗净去皮，切成薄片；甜豆
洗净，撕去粗丝，切小段备用。

### 2 摆放材料

内锅中依序放入白米、山药、姜
丝、盐和适量的水。

### 3 放入电锅

将内锅放进电锅，外锅加 200 毫
升水，按下开关，蒸至开关跳起
后，放入甜豆、牛肉片，外锅续
加 100 毫升水，蒸至开关跳起。

### 4 搅拌均匀

打开锅盖，将牛肉菜饭用饭匙搅
拌均匀，盛在碗中即可享用。

# 奶油鲑鱼炖饭

DHA    30 MIN

新鲜鲑鱼和奶油白酱的完美组合，不但看起来颜色漂亮，
吃起来更是香滑顺口，每一口还尝得到蔬菜的甜味。

## 材料（2人份）

- 白米 100 克　鲑鱼肉丁 120 克
- 洋葱 80 克　芹菜末 10 克
- 蒜末 20 克　鲜奶油 50 毫升
- 高汤 200 毫升

## 调味料

- 米酒 20 毫升　盐 5 克
- 黑胡椒粒少许

### 1 备好材料
白米洗净，沥干备用；鲑鱼肉丁加
入米酒、盐腌渍入味；洋葱洗净，
去皮切丁。

### 2 摆放材料
内锅中依序放入白米、洋葱、蒜
末、鲑鱼肉丁、鲜奶油、高汤。

### 3 放入电锅
将内锅放进电锅中，外锅加 200 毫
升水，按下开关，蒸至开关跳起
后，再焖 10 分钟。

### 4 搅拌均匀
打开锅盖，加入芹菜末，用饭匙搅
拌均匀，盛在碗中，撒上黑胡椒粒
即可享用。

# 黑麦汁鸡肉饭

 蛋白质
 30 MIN

网络上超流行的日本简易炊饭，就算只煮1人份也可以喔！
只要把所有材料放进电锅中，蒸至开关跳起就完成香气四溢的鸡肉饭。

**材料（2人份）**

白米 100 克　去骨鸡腿肉 240 克
芦笋 40 克　黑麦汁 250 毫升

**调味料**

盐 5 克

扫一扫·轻松学

## 1 备好材料
白米洗净；鸡腿肉洗净切成小丁；
芦笋洗净切小丁，备用。

## 2 摆放材料
内锅中依序放入白米、芦笋丁、
鸡腿丁、盐和黑麦汁。

## 3 放入电锅
将内锅放到电锅中，外锅倒入
200 毫升水，按下"饭（快煮）"
键，蒸好后再焖 10 分钟即可。

## 4 搅拌均匀
打开锅盖，将饭和食材搅拌均
匀，即可盛出享用。

# 香根滑蛋牛肉粥

 铁  25 MIN

煮到熟烂的粥，吃起来完全不费力，就连牛肉也炖煮得软嫩香甜，
再加上蛋的滑顺，整碗粥就算吃得精光，也不会造成肠胃的负担。

## 材料（2人份）

- 白饭 220 克　牛肉 200 克
- 鸡蛋 2 个　香菜 10 克
- 姜末 2 克　高汤 800 毫升

## 调味料 A

- 太白粉 2 克
- 酱油 15 毫升
- 芝麻油 3 毫升

## 调味料 B

- 盐 2 克
- 白糖 2 克
- 白胡椒粉 2 克

## 1 备好材料

牛肉洗净，切丝，加入调味料 A
腌渍入味；蛋打散，备用；香菜
洗净，切碎末。

## 2 炖煮成粥

锅中依序放入白饭、高汤、姜末，
拌匀后放入电锅中，外锅加 200
毫升水，蒸至开关跳起。

## 3 加入牛肉

打开锅盖，放入牛肉、蛋液、盐、
白糖搅拌均匀后，外锅加 100 毫
升水，按下开关，蒸至开关跳起。

## 4 撒上香菜

蒸好的牛肉粥撒上香菜、白胡椒
粉，拌匀即完成。

# 糙米排骨粥

用健康的糙米和白米一起煮成粥，多了糙米的香气，
吃得来对身体更有益，怀孕妈妈可以多吃喔！

## 材料（2 人份）

- 糙米 50 克　白米 50 克
- 排骨 100 克　胡萝卜 30 克
- 包菜叶 2 片

## 调味料

米酒 5 毫升　盐少许

### 1 备好材料
糙米、白米洗净；排骨洗净；胡萝卜洗净，去皮切块；包菜洗净，切小片备用。

### 2 汆烫排骨
烧一锅滚水，加少许盐，放入排骨汆烫去血水，捞起后冲洗干净，备用。

### 3 摆放材料
内锅中依序放入糙米、白米、胡萝卜、排骨、包菜、米酒、盐和适量的水。

### 4 放入电锅
将内锅放进电锅中，外锅加 400 毫升水，按下开关，蒸至开关跳起后，再焖 10 分钟即完成。

081

# 港式猪血粥

香甜绵密的港式猪血粥，吃不到猪血的腥味，只有甜味，
加上干贝的鲜香，让一碗看似简单的粥品，却有着不简单的味道。

### 材料（2人份）

- 白米50克　猪血100克
- 干贝2粒　姜丝10克
- 葱花少许

### 调味料

- 盐5克　米酒5毫升
- 芝麻油少许　白胡椒粉少许

## 1 备好材料

白米洗净，加水浸泡30分钟，备用；干贝中加入适量水和米酒，浸泡30分钟，再把干贝压成细丝；猪血洗净，切块。

## 2 摆放材料

内锅中依序放入白米、猪血、干贝丝、姜丝、盐、米酒、白胡椒粉和适量的水。

## 3 放入电锅

将内锅放进电锅中，外锅加400毫升水，按下开关，蒸至开关跳起后，再焖10分钟。

## 4 撒上葱花

打开锅盖，将煮好的粥盛入碗中，淋上芝麻油、撒上葱花，即可享用。

# 肉丸猪肝粥

铁 40 MIN

肉丸子鲜嫩多汁，一口咬下后满满的肉汁充斥在嘴里，
还有滑嫩的猪肝，先汆烫过再放入粥里，不会煮得过熟，吃起来刚刚好。

**材料（2 人份）**

- 白米 100 克　猪绞肉 150 克
- 猪肝 80 克　姜丝适量

**调味料 A**

- 酱油 15 毫升　姜泥 5 克
- 太白粉 5 克　白胡椒粉适量

**调味料 B**

- 盐适量
- 白胡椒粉适量

## 1 备好材料

白米洗净，加水浸泡 30 分钟，备用；猪肝洗净，切薄片，放入滚水中烫至八分熟，备用；猪绞肉加入调味料 A 搅拌均匀，捏成肉丸子，备用。

## 2 摆放材料

内锅中依序放入白米、肉丸子、姜丝、盐、白胡椒粉和适量的水。

## 3 放入电锅

将内锅放进电锅中，外锅加 400 毫升水，按下开关，蒸至开关跳起后，打开锅盖，放入猪肝，再焖 10 分钟。

## 4 搅拌均匀

打开锅盖，将煮好的粥搅拌均匀，盛入碗中即可享用。

# 牛肉起司笔管面

 铁  30 MIN

用电锅做笔管面料理，只要把材料全放进电锅中，就能轻松变出美味，想要让汤汁更加吸附在笔管面上，只要加个收汁的动作就可以了。

**材料（2人份）**
- 笔管面 150 克　牛肉丝 150 克
- 蘑菇 5 朵　洋葱 50 克
- 西红柿 100 克　蒜头 2 瓣
- 起司丝 100 克

**调味料**
- 番茄酱 30 克
- 意大利香料粉 5 克
- 白糖 5 克　月桂叶 2 片

## 1 备好材料
蘑菇洗净，切片；洋葱洗净去皮，切小丁；西红柿洗净，切丁；蒜头洗净去皮，切碎末。

## 2 摆放材料
内锅中依序放入笔管面、蘑菇、洋葱、西红柿、蒜末、所有调味料和适量的水。

## 3 放入电锅
将内锅放进电锅中，外锅加 200 毫升水，按下开关，蒸至开关跳起后，打开锅盖，放入牛肉丝，再焖 10 分钟。

## 4 加入起司
热锅中放入蒸好的食材，煮至收汁，再撒上起司丝，待起司融化即可。

# 香浓西红柿笔管面

维生素 C

20 MIN

整个西红柿除了可以做成炖饭外，用来做意大利面料理也非常好吃，
一起来体验整个西红柿电锅料理的美味吧！

## 材料（1人份）

- 笔管面 50 克　西红柿 100 克
- 蘑菇 5 朵　洋葱 50 克
- 罗勒 5 克　蒜末 5 克

## 调味料

- 番茄酱 60 克
- 意大利香料粉 5 克
- 黑胡椒粒 2 克
- 盐少许　帕玛森起司粉少许

### 1 备好材料

西红柿洗净，去蒂头；洋葱洗净，
去皮切丁；罗勒洗净，去硬梗。

### 2 摆放材料

内锅中依序放入洋葱、笔管面、
蘑菇、蒜末、罗勒、番茄酱、意
大利香料粉、黑胡椒粒、盐和
150毫升的水，最后摆上西红柿。

### 3 放入电锅

将内锅放到电锅中，外锅倒入
200毫升水，按下开关，蒸至开
关跳起，打开锅盖后把西红柿压
碎，搅拌均匀，外锅再倒入50
毫升水，按下开关，蒸至开关跳
起后，撒上起司粉即完成。

# 罗宋汤

 维生素 C

 25 MIN

想要煮出浓郁好喝的罗宋汤，一般都要长时间顾着炉火，使用电锅料理罗宋汤就没这个困扰喽！

**材料（3 人份）**

牛腩 150 克　土豆 100 克
包菜 50 克　胡萝卜 50 克
洋葱 50 克　西芹 30 克
西红柿 200 克

**调味料**

番茄酱 45 克　月桂叶 2 片
黑胡椒少许　盐少许
意大利香料粉少许

## 1 备好材料
牛腩洗净，切小块；土豆洗净，去皮切丁；包菜洗净，切小片；胡萝卜洗净，去皮切丁；洋葱洗净，去皮切丁；西芹洗净，切丁；西红柿洗净，切块。

## 2 摆放材料
内锅中依序放入洋葱、胡萝卜、土豆、包菜、牛腩、西芹、西红柿、番茄酱、月桂叶、黑胡椒、盐和适量的水。

## 3 放入电锅
将内锅放进电锅，外锅加 400 毫升水，按下开关，蒸至开关跳起。

## 4 搅拌均匀
打开锅盖，搅拌均匀，盛入碗中后撒上意大利香料粉即可享用。

# 萝卜牛肉汤

 铁 25 MIN

炖煮得十分入味的白萝卜，以及软嫩的牛腩，
带着淡淡的胡椒香气，喝起来清淡又鲜甜，丝毫不辣口。

## 材料（2人份）

牛腩 300 克　白萝卜 50 克
香菜 10 克　姜 3 片

## 调味料

米酒 15 毫升
鲣鱼粉 3 克
白胡椒粉少许

### 1 备好材料
牛腩洗净，切块；白萝卜洗净，
去皮切块；香菜洗净，取叶。

### 2 摆放材料
内锅中依序放入白萝卜、牛腩、
姜片、米酒、鲣鱼粉、白胡椒粉
和适量的水。

### 3 放入电锅
将内锅放进电锅，外锅加 400 毫
升水，按下开关，蒸至开关跳起。

### 4 撒上香菜
打开锅盖，盛入碗中后撒上香菜
叶即可享用。

# 姜丝鲜鱼汤

蛋白质　20 MIN

这道汤品所使用的鲜鱼，可以换成孕妈咪喜欢的鱼类，
但尽量使用鱼刺较少的鱼类来炖煮成汤，喝的时候才不会不小心被刺梗到。

## 材料（2人份）

鲈鱼 1 尾　枸杞 15 克
葱 10 克　姜丝 30 克

## 调味料

米酒 30 毫升　盐少许

### 1 备好材料
鲈鱼洗净，切厚片；葱洗净，切小
段；枸杞洗净，泡水备用。

### 2 摆放材料
内锅中依序放入鲈鱼、葱、姜丝、
一半的枸杞、米酒和适量的水。

### 3 放入电锅
将内锅放进电锅中，外锅加 200 毫
升水，按下开关，蒸至开关跳起。

### 4 加盐调味
打开锅盖，倒入剩下的一半枸杞，
再加少许盐调味即完成。

# 山药鸡汤

蛋白质 · 20 MIN

这一道山药鸡汤，多加了红枣和枸杞，因此喝起来有股天然的甜味，不需要多余的调味，就能喝到清甜的美味。

## 材料（2人份）

鸡腿肉 300 克　山药 100 克
枸杞适量　红枣 6 颗
姜 3 片

## 调味料

米酒 15 毫升　盐少许

### 1 备好材料

鸡腿肉洗净，切块；山药洗净，去皮切块；枸杞洗净，泡水备用；红枣洗净，沥干备用。

### 2 摆放材料

内锅中依序放入山药、鸡腿肉、红枣、姜片、米酒和适量的水。

### 3 放入电锅

将内锅放进电锅，外锅加 200 毫升水，按下开关，蒸至开关跳起。

### 4 加盐调味

打开锅盖，加入枸杞搅拌均匀，再加少许盐调味即完成。

# 木耳露

 铁  30 MIN

木耳的纤维质丰富，跟红枣、桂圆干、枸杞、黑糖一同搅打成汁，喝起来甘甜顺口，还有助于肠道健康，孕妈咪可以多多饮用。

## 材料（3人份）

木耳 150 克　红枣 10 颗
桂圆干 10 克　枸杞 10 克
老姜 3 片

## 调味料

黑糖 90 克

## 1 备好材料

木耳洗净，切块；红枣洗净去核，沥干备用；枸杞洗净，沥干备用。

## 2 摆放材料

内锅中依序放入木耳、红枣、桂圆干、枸杞、姜片和 1800 毫升的水。

## 3 放入电锅

将内锅放进电锅中，外锅加 400 毫升水，按下开关，蒸至开关跳起。

## 4 搅打均匀

蒸好的木耳汤中加入黑糖调味，放凉后，再倒入调理机中搅打均匀即完成。

# 海燕窝

 铁  30 MIN

烹煮过后的海燕窝，会释放出浓稠的胶质，喝起来不仅养颜美容，对身体也有很多好处，是道养生甜品。

**材料（3人份）**

┌ 海燕窝 150 克　红枣 10 颗
└ 枸杞 10 克

**调味料**

白糖 75 克　蜂蜜 30 克

## 1 备好材料
干燥的海燕窝用清水反复冲洗 4 次，把海燕窝中的砂石和海味洗净；红枣洗净，沥干备用；枸杞洗净，沥干备用。

## 2 摆放材料
内锅中依序放入海燕窝、红枣、枸杞、白糖和适量的水。

## 3 放入电锅
将内锅放进电锅，外锅加 400 毫升水，按下开关，蒸至开关跳起。

## 4 调味放凉
蒸好的海燕窝加蜂蜜调味，放凉后，即可食用。

# 日式关东煮

维生素 C
20 MIN

简单暖胃的关东煮，可以放进各种喜欢的食材一同炖煮，
只要注意各种食材熟成的时间不同，就能煮出清淡好吃的关东煮。

材料（1 人份）

白萝卜 30 克　芦笋 60 克
鲜香菇 1 朵　洋葱 25 克
包菜 50 克　高汤适量

**调味料**

盐少许

## 1 备好材料

白萝卜洗净，去皮切厚圆片状；芦笋洗净，切去根部；香菇洗净，去蒂头；洋葱洗净去皮，切块；包菜洗净，切块。

## 2 摆放材料

内锅中依序放入白萝卜、洋葱、香菇、包菜、芦笋和高汤。

## 3 放入电锅

将内锅放进电锅中，外锅加 200 毫升水，按下开关，蒸至开关跳起。

## 4 加盐调味

打开锅盖，加少许盐调味即完成。

# 酱煮红薯鸡肉

 维生素 B 族  25 MIN

香甜的红薯富含膳食纤维，多吃可以帮助排便，解决便秘的困扰，
松软的红薯搭配不柴不涩的鸡胸肉，特别的滋味快来亲自试试。

## 材料（2 人份）
- 鸡胸肉 200 克　红薯 150 克
- 葱 10 克　蒜泥 10 克
- 白芝麻 10 克

## 调味料 A
- 酱油 45 毫升　白糖 20 克
- 米酒 10 克　白胡椒粉少许

## 调味料 B
- 芝麻油 10 毫升

### 1 备好材料
鸡胸肉洗净，切小块，加入调味料 A 腌渍 10 分钟；红薯洗净，去皮切块；葱洗净，切斜片。

### 2 摆放材料
内锅中依序放入红薯、蒜泥、鸡肉和腌料，再加适量的水。

### 3 放入电锅
将内锅放进电锅，外锅加 200 毫升水，按下开关，蒸至开关跳起。

### 4 拌匀收汁
打开锅盖，将蒸好的材料放入热锅中，加热收汁，起锅前再加入葱、芝麻油和白芝麻拌炒均匀即完成。

# 清蒸海鲜野菜

维生素 C　30 MIN

新鲜的海鲜和各种蔬菜、菇类，吃得到蛋白质及维生素的营养，
以及各种不同的丰富口感都包含在里头。

## 材料（3 人份）

蛤蜊 50 克　白虾 25 克
小卷 50 克　包菜叶 4 片
芦笋 50 克　舞菇 30 克
葱 10 克　辣椒 40 克
姜 3 片

## 调味料

米酒 45 毫升　淡色酱油 30 毫升
芝麻油 5 毫升　胡椒盐适量

## 1 备好材料

蛤蜊洗净，泡在盐水中吐沙；白虾洗净，去壳、去肠泥；小卷洗净，切块；包菜洗净，切块；芦笋洗净，切小段；舞菇洗净去根部；葱洗净，切丝；辣椒洗净，去籽切丝。

## 2 摆放材料

内锅中依序放入包菜、芦笋、舞菇、白虾、小卷、姜片、米酒、淡色酱油和适量的水。

## 3 放入电锅

将内锅放进电锅中，外锅加 200 毫升水，按下开关，蒸至开关跳起后，放入蛤蜊，焖 10 分钟。

## 4 搅拌均匀

打开锅盖，淋上芝麻油，撒上胡椒盐、葱丝、辣椒丝，搅拌均匀即完成。

# 虾泥丝瓜盅

 钙  20 MIN

简单好看又好吃的一道菜，很适合怀孕妈妈用来宴客，
不需要花太多时间及工序就能完成，一起端出让大家说赞的好料理吧！

## 材料（2人份）

- 丝瓜 1 条　猪绞肉 50 克
- 虾仁 100 克　姜末 5 克
- 葱花 5 克　香菜少许

## 调味料

- 鲣鱼酱油 15 毫升　米酒 5 毫升
- 白胡椒粉少许　芝麻油少许
- 太白粉少许

### 1 备好材料

丝瓜洗净去皮，一半切丁，一半
切圆筒状；虾仁去泥肠，剁成虾
泥，加猪绞肉、丝瓜丁、葱花、
鲣鱼酱油、米酒、白胡椒粉、芝
麻油和姜末搅拌均匀成肉馅，腌
渍 10 分钟。

### 2 填入馅料

将肉馅填入圆筒状的丝瓜中，用
手压紧实。

### 3 放入电锅

将填好的丝瓜盅放入深盘中，再
放进电锅，外锅加 200 毫升水，
按下开关，蒸至开关跳起。

### 4 淋上酱汁

打开锅盖，将蒸出的汤汁倒入热
锅中，煮滚后以太白粉水勾芡，
淋在丝瓜盅上头，并撒上香菜即
完成。

# 牛肉丸子

 铁  50 MIN

用电锅也能烘烤肉丸子，要把电锅当烤箱使用，记得一定要等待散热时间，开关跳起后不能马上再按下开关，否则电锅很容易损坏喔！

## 材料（3人份） 🍴

- 牛绞肉 400 克　洋葱 25 克
- 蘑菇 3 小朵　蒜泥 10 克
- 葱花 35 克

## 调味料 A

- 米酒 15 毫升
- 芝麻油 15 毫升
- 姜汁 15 毫升

## 调味料 B

- 酱油 20 毫升
- 白糖 5 克
- 白胡椒粉少许

## 调味料 C

- 太白粉 35 克
- 食用油适量

## 1 备好材料

洋葱洗净，去皮切细末；蘑菇洗净切片；牛绞肉中加入洋葱末、调味料 A、太白粉搅拌均匀，拌至出现黏性后，揉成大小一致的肉丸子，放在盘子里，备用。

## 2 制作酱汁

热油锅，放入葱花爆香，加入蘑菇、蒜泥、调味料 B 搅拌均匀，煮滚后关火，即为酱汁。

## 3 预热电锅

电锅外锅中倒入 100 毫升水，盖上锅盖，按下开关，预热至开关跳起。

## 4 放入电锅

打开锅盖，放入装有肉丸子的盘子，外锅不加水，按下开关，待开关跳起，散热 8 分钟，再次按下开关，重复 3 次。

## 5 淋上酱汁

取出烤好的肉丸子，淋上酱汁即完成。

# 卤牛腱

用电锅卤出来的牛肉，色泽均匀漂亮，且十分入味，
是一道轻松简单又能赢得大家喜爱的懒人料理。

## 材料（3 人份）

┌ 牛腱 600 克　姜片 30 克
│ 葱 20 克　卤包 1 个
└ 葱花适量

## 调味料

┌ 酱油 250 毫升　盐 5 克
└ 白糖 30 克　绍兴酒 30 毫升

### 1 备好材料

牛腱洗净，放入滚水中氽烫去血
水，捞起再洗净备用；葱洗净，
切段。

### 2 摆放材料

内锅中依序放入牛腱、姜片、葱
段、卤包、所有调味料和适量的
清水。

### 3 放入电锅

将内锅放进电锅中，外锅加 400
毫升水，按下开关，蒸至开关跳
起后，焖 30 分钟。

### 4 切片享用

取出牛腱，切成薄片，最后撒上
葱花即可享用。

# 透抽时蔬卷

 蛋白质  20 MIN

软 Q 的透抽中间包入各种蔬菜及鸡蛋，一口咬下满满的馅料，
吃起来口感丰富独特，让人忍不住一口接一口。

**材料（1 人份）** 🍴

透抽 1 只　蛋碎 30 克
小黄瓜末 30 克　芦笋 30 克
胡萝卜 20 克　南瓜 20 克

**调味料 A**

米酒 15 毫升　蚝油 15 克
芝麻油 5 毫升　太白粉少许
白胡椒粉少许

**调味料 B**

鲣鱼酱油 30 毫升
太白粉 15 克

扫一扫·轻松学

## 1 备好材料

将透抽处理干净，去除外膜，透抽头
部切小丁；胡萝卜、南瓜洗净，去皮
切长条状；芦笋洗净。

## 2 拌匀馅料

将透抽丁、蛋碎、小黄瓜末倒入碗中，
加入调味料 A 搅拌均匀成馅料。

## 3 填入馅料

将馅料用小汤匙装入透抽身体内，再
将芦笋、南瓜、胡萝卜塞入透抽身体，
开口处以牙签固定，放入盘内。

## 4 放入电锅

将盘子放到电锅中，外锅倒入 200 毫
升水，按下开关，蒸至开关跳起。

## 5 淋上酱汁

将蒸好的透抽取出，切成圆片状；蒸
透抽的汤汁倒入热锅，加入调味料 B
做成酱汁，淋在切好的透抽上即完成。

# 三杯米血鸡

蛋白质 · 30 MIN

三杯鸡里面加入米血，让整道菜的口感层次提升不少，
米血炖煮得软嫩又入味，配着白饭一起吃更是大大的满足。

## 材料（2人份）

- 鸡腿肉 400 克　米血 170 克
- 蒜头 5 瓣　姜 10 片
- 罗勒 30 克

## 调味料

- 芝麻油 45 毫升　酱油 45 毫升
- 米酒 45 毫升　酱油膏 30 克
- 白糖 30 克　白胡椒粉适量

扫一扫·轻松学

## 1 备好材料

鸡腿肉洗净切小块；米血切条状，
均匀铺在碗中；蒜头洗净去皮；
罗勒洗净沥干，备用。

## 2 爆香材料

锅中注入芝麻油，以小火加热，
放入蒜头、姜片爆香，待姜片煸
干后，放入鸡腿肉，转大火煎至
两面金黄，再加入酱油膏、酱油、
白胡椒粉、白糖、米酒，煮滚后
关火，倒入铺有米血的碗中。

## 3 放入电锅

将鸡腿肉和米血放到电锅中，外
锅倒入 200 毫升水，按下开关，
蒸至开关跳起后，打开锅盖，放
入一半的罗勒拌匀，盖上锅盖焖
5 分钟。

## 4 搅拌均匀

打开锅盖，加入剩下的罗勒搅拌
均匀，即可盛盘享用。

# 枸杞猪肝

 铁  15 MIN

枸杞的香甜去掉了猪肝的腥味，猪肝吃起来又软又嫩，
是一道可以补充铁质的美味佳肴。

**材料（2人份）**

猪肝 200 克　枸杞 3 克
姜丝 5 克

**调味料**

芝麻油 5 毫升　酱油 30 毫升
白糖 5 克　米酒 15 毫升
太白粉 15 克

## 1 备好材料

猪肝洗净切厚片，均匀裹上一层太
白粉；枸杞洗净，泡水备用。

## 2 摆放材料

内锅中依序放入猪肝、枸杞、姜丝
和所有调味料。

## 3 放入电锅

将内锅放进电锅中，外锅加 60 毫
升水，按下开关，蒸至开关跳起
后，焖 5 分钟。

## 4 搅拌均匀

将蒸好的猪肝搅拌均匀，让猪肝均
匀裹上酱汁即可。

# 葱烧猪肝

蛋白质 15 MIN

猪肝加上香葱一起拌炒，让猪肝吃起来多了葱的香气，
喜欢吃葱和猪肝的孕妈咪一定要尝试看看喔！

### 材料（2 人份）

- 猪肝 300 克　葱 20 克
- 姜末 5 克　蒜末 5 克
- 葱段 3 克

### 调味料 A

- 酱油 10 毫升　盐少许
- 芝麻油 5 毫升　白糖少许
- 乌醋 15 毫升

### 调味料 B

- 太白粉 5 克　白糖 2 克
- 酱油 15 毫升　米酒 15 毫升

### 调味料 C

食用油适量

## 1 备好材料

猪肝洗净切片，加入葱段和调味料 B 腌约 15 分钟；葱洗净切段，葱白和葱绿分开，备用。

## 2 预热电锅

电锅外锅不加水，盖上锅盖，按下开关，预热至开关跳起。

## 3 爆香材料

外锅中倒入适量油，烧热后，放入姜末、蒜末爆香，再放入葱白炒香。

## 4 搅拌均匀

接着放入猪肝、调味料 A 拌炒均匀，再放入葱绿快速拌炒即可。

# 豉香排骨

 蛋白质  30 MIN

猪小排腌渍入味后，和豆豉一起入电锅蒸煮，
蒸好的小排有豆豉浓浓的咸香味，多汁入味，吃一口就欲罢不能。

**材料（3 人份）**
┌ 猪小排 300 克　豆豉 5 克
└ 蒜末 30 克　香菜少许

**调味料 A**
┌ 盐 5 克
│ 白糖 5 克
│ 米酒 15 毫升
└ 蒸肉粉 15 克

**调味料 B**
┌ 老抽 5 毫升
└ 芝麻油 15 毫升

## 1 备好材料
猪小排洗净，加入调味料 A 搅拌均匀，腌渍 30 分钟入味；香菜洗净，取叶。

## 2 摆放材料
内锅中依序放入猪小排、腌料、豆豉、蒜末、调味料 B 和 50 毫升的水。

## 3 放入电锅
将内锅放进电锅中，外锅加 300 毫升水，按下开关，蒸至开关跳起后，焖 10 分钟。

## 4 搅拌均匀
打开锅盖，将蒸好的排骨搅拌均匀，撒上香菜即完成。

# Part 4

## 孕期不适
## 对症饮食调养

怀孕期间，妈妈们常常会有许多不适的症状，像是孕吐、容易疲倦、食欲不振、难以入眠、腰酸背痛、水肿、便秘等等，让孕妈咪感到不舒服又不便，进而影响心情，变得烦躁易怒。本单元针对怀孕妈妈在孕期容易发生的各种不适症状，搭配可以减缓不适症状的饮食，让妈妈们吃得开心又健康。

# *1~5* 月 怀孕前期不适症状

## 1. 孕吐

孕吐是怀孕初期常见的症状之一，可分为轻微、一般和严重3种程度。对于轻微呕吐及一般呕吐，医师会建议孕妇尽量忍耐，只要渡过怀孕初期，症状大多可以获得改善。很多孕妈咪在出现孕吐后，自然而然就改吃一些比较稀的食物，其实，吃太多稀的食物反而会吐得更厉害。

## 2. 食欲不振

通常有孕吐现象的准妈妈，连带也会有食欲不振的问题，且怀孕时，体内会分泌大量孕酮，会让孕妈咪感到疲倦不适，甚至影响到食欲。大部分的孕妇需要3~4个月的时间来适应这些高浓度的激素，这段期间就会产生恶心与食欲不振的情况。

## 3. 容易头晕

头晕是孕期常见的症状，轻者头重脚轻、走路不稳；重者眼前发黑、突然晕厥。孕期头晕常由多种原因引起，孕妇在发现自己怀孕之前，通常会有头晕症状，这与体内激素变化有关；但也可能是低血糖导致的，比如饮食不当，就可能感到头晕；也有可能是孕期贫血所造成的头晕现象。

## 4. 容易疲倦

怀孕初期，孕妈咪体内会分泌许多激素，这些激素会让孕妈咪比较嗜睡，借此使身体处于安稳的状态，迎接新的生命。通常到了怀孕中期，疲倦的状况会稍微好转，如果休息后状况有明显改善，基本上都不会有太大问题，但休息后仍有明显的疲倦感，可能就要请医师检查是否有问题。

前期不适
舒缓方法

### 1. 缓解孕吐的方法

有胃口的时候多吃一点，没胃口的时候就少吃一点，不仅可以减轻呕吐，更可以补充到一些孕期应该补充的营养。若发生严重呕吐，且孕妈咪的体重急遽下降，这时应立即就医，医生会针对孕妇的身体状况进行评估，采取适当的药物治疗。

### 2. 增加食欲的方法

改变烹调方式，将食材进行片状处理，或是切碎食用，并避免使用味道太重的调味料，皆有助于促进食欲。要特别注意的是，有些怀孕初期食量变少的妈妈，到了怀孕中期食量会突然变大，此时要特别斟酌饮食摄取量，避免增重过多。

### 3. 改善头晕的方法

孕妈咪有头晕的情形，应减慢生活速度，动作尽量轻缓，也可少量多餐，以保持血糖的稳定。

### 4. 消除疲倦的方法

若单纯因为激素变化而引起疲倦，孕妈咪只要多休息即可，但如果是孕吐或脱水造成的身体疲倦，就要适当补充电解质和水分，严重时可以靠药物改善症状。

# 怀孕后期不适症状

## 1. 经常便秘

孕妈咪比一般人更容易出现便秘的情况，原因在于怀孕后，卵巢大量分泌孕酮，孕酮有滞留水分的作用，会让水分留在细胞中，影响肠胃道代谢；而随着怀孕周数增加，子宫也会逐渐变大并压迫到肠道，使肠胃蠕动减慢。另外，大部分怀孕妈妈缺乏运动，影响肠胃蠕动速度，导致粪便停留在肠道内的时间变长，使排便变困难。

## 2. 腹部胀痛

由于怀孕时子宫变大，压迫到胃、肠器官，使得腹部产生疼痛感；此外，怀孕时血液会大量流入子宫，以提供胎儿成长所需的养分，在血流效应的结果下，也会使腹部变得不舒服。

## 3. 睡眠不足

怀孕中期以后，腹部越来越大，晚上睡觉的姿势受限，无法安稳入睡。再加上频尿等不适也容易影响睡眠品质。

## 4. 下肢水肿

水肿在怀孕中后期时比较明显，若不严重，大多不须治疗，但较为严重时，则应赶紧就医。

## 5. 腰酸背痛

到了怀孕中后期，随着肚子逐渐变大、体重增加，孕妈咪开始行动不便，甚至经常出现腰酸背痛、全身酸痛、抽筋、静脉曲张等症状。因为肚子的重量，容易有弯腰驼背的情形，压力往下时，脊柱就会不自主的弯曲，当然就容易造成腰酸背痛。

后期不适舒缓方法

### 1. 预防便秘的方法

固定排便时间；多运动有助排便，孕妈咪最好每天有30分钟的运动时间；每天摄取足够水分，尤其早上起床空腹时先喝杯水，可达到润肠、刺激肠蠕动的目的；多吃蔬菜水果可有助排便。

### 2. 消除腹胀的方法

在饮食上应少量多餐，以免造成胃胀、腹痛等不适；控制情绪，保持愉悦心情；另外有准爸爸的安慰与鼓励，能帮助孕妈咪对抗孕期的不适。

### 3. 帮助入睡的方法

睡前寻找让自己安心入睡的方法，比如喝热牛奶、听柔和的音乐或舒服的睡姿，也能帮助入睡。

### 4. 改善水肿的方法

不太严重的水肿，只要多注意饮食、营养均衡，不要吃太咸，适度补充蛋白质，即可减轻水肿。

### 5. 改善酸痛的方法

姿势正确、抬头挺胸，让重量平均放在骨骼上，是预防和减缓腰酸背痛的最有效方法。另外，要提醒怀孕妈妈，做任何动作时，应避免突然爆发性的动作，否则很容易造成韧带受伤。

# 清蒸丝瓜蛤蜊

 消除疲倦

 30 MIN

新鲜的蛤蜊配上清甜的丝瓜，完全不用加一滴水，
就能蒸出原汁原味的美味汤汁，喝一口就能补充满满的元气。

## 材料（2人份）🍴

蛤蜊 250 克　丝瓜 100 克
蒜末 5 克　辣椒 80 克
姜丝适量　葱段适量

## 调味料

奶油 15 克
米酒 10 毫升

扫一扫・轻松学

## 1 备好材料

蛤蜊泡在水中吐沙后洗净；丝瓜
洗净去皮，切滚刀片；辣椒洗净
去籽，切丝后泡水；葱段洗净，
切丝后泡水；取一半姜丝泡水，
备用。

## 2 摆放材料

内锅中依序放入丝瓜、蛤蜊、奶
油、蒜末、另一半未泡水的姜丝
和米酒。

## 3 放入电锅

将内锅放到电锅中，外锅倒入
200 毫升水，按下开关，蒸至开
关跳起。

## 4 盛盘装饰

打开锅盖，将蒸好的丝瓜蛤蜊
盛盘，撒上泡水的姜丝、葱丝、
辣椒丝即完成。

# 糖心蛋

消除疲倦

30 MIN

用电锅就能煮出糖心蛋，而且保证不失败，
糖心蛋吃起来软嫩可口，还能帮助怀孕妈妈消除疲倦、补充精力。

**材料（6 人份）**

鸡蛋 6 个
红茶茶叶 5 克

**调味料**

鲣鱼酱油 60 毫升

## 1 冲泡茶叶
茶叶冲入 240 毫升的热开水，盖上杯盖，闷至散发香味，备用。

## 2 制作酱汁
茶汤中加入鲣鱼酱油搅拌均匀，放凉备用。

## 3 放入电锅
将 2 张沾湿的厨房纸巾铺在外锅底部，再放入蛋，盖上锅盖，按下开关，待开关跳起后，再焖 3 分钟，取出后轻敲蛋壳，敲出裂缝后再放入冷水中，剥壳备用。

## 4 放进冰箱
将剥好壳的蛋放到酱汁中浸泡一晚至入味，即可食用。

# 整个西红柿饭

网络超流行的美味炊饭，只要将一整个西红柿放到白米上，放入电子锅中，等待煮饭完成，就能享受清淡香甜的西红柿饭。

## 材料（3 人份） 🥄🍴

白米 100 克　西红柿 100 克
绿橄榄 5 个

## 调味料

盐 2 克　黑胡椒粒 2 克
橄榄油 5 毫升　意大利香料粉适量

扫一扫 · 轻松学

## 1 备好材料
白米洗净；西红柿洗净，切去蒂头，备用。

## 2 摆放材料
内锅中依序放入白米、盐、橄榄油、黑胡椒粒、绿橄榄和 200 毫升水，正中央摆上西红柿。

## 3 放入电锅
将内锅放到电锅中，外锅倒入 200 毫升水，按下"饭（快煮）"键，蒸好后再焖 10 分钟即可。

## 4 搅拌均匀
打开锅盖，将西红柿压碎，搅拌均匀，盛出后撒上意大利香料粉即完成。

# 姜汁小米粥

好消化吸收的小米煮成粥，加上暖胃的姜汁，
一口喝下暖呼呼的，让孕妈咪瞬间缓解孕吐，快点试试看吧！

## 材料（2 人份）

小米 30 克　老姜 5 片

### 调味料

黑糖 30 克

### 1 备好材料
小米洗净，泡水 1 小时，备用。

### 2 摆放材料
将小米、姜片、500 毫升水、黑糖放入内锅中，搅拌均匀至黑糖完全溶解。

### 3 放入电锅
将内锅放入电锅，外锅加 200 毫升水，按下开关，蒸至开关跳起，再焖 10 分钟，取出即可食用。

## 营养重点

小米不含麸质，不会刺激肠道，属于温和的纤维质，容易被消化，腹泻、反胃呕吐者食用小米，可以舒缓症状。

109

# 猕猴桃优格

 预防便秘

许多怀孕妈妈都有便秘的困扰，猕猴桃跟优格都是帮助排便的好食材，
且猕猴桃还能增强妈妈的抵抗力，可以多多食用。

## 材料（1人份）

猕猴桃 80 克　全脂牛奶 600 毫升
原味优酪乳 200 毫升

### 1 备好材料
将优酪乳放在室温下回温；猕猴桃
洗净去皮，切成丁。

### 2 预热电锅
电锅中放入 100 毫升水，按下开关，
蒸至开关跳起后，等 10 分钟让电
锅温度略降。

### 3 放入电锅
将优酪乳、牛奶放入内锅中，搅拌
均匀，盖上内锅盖，外锅不加水，
将内锅放进预热好的电锅中，盖上
锅盖，用筷子隔出一个小缝隙，保
温 8 小时。

### 4 放进冰箱
取出凝固的优格，放进冰箱冷藏 4
小时。

### 5 撒上猕猴桃
取出冷藏好的优格，撒上猕猴桃丁
即可食用。

# 照烧秋葵

秋葵可以有效预防便秘，怀孕妈妈若有便秘困扰，
可以多吃些秋葵，以解缓便秘带来的不适感。

## 材料（2人份）

```
秋葵 100 克
柴鱼片适量　姜汁 8 毫升
```

### 调味料

```
鲣鱼酱油 20 毫升　盐少许
米酒 8 毫升　食用油适量
```

## 1 备好材料

用少许盐搓去秋葵表层的绒毛，
再冲水洗净，并在秋葵表面划上
间隔 0.2 厘米的刀口。

## 2 预热电锅

按下电锅开关，不要盖上锅盖，
预热 3 分钟。

## 3 拌炒材料

外锅中倒入适量油，烧热后，放
入秋葵略微拌炒，再加入鲣鱼酱
油、米酒、姜汁和 60 毫升的水，
盖上锅盖焖 5 分钟，起锅后撒上
柴鱼片即完成。

# 南瓜美人腿

消除腹胀

20 MIN

清蒸的南瓜，压碎成香甜滑口的南瓜泥，
摆在脆口的茭白上，再撒上一些珠葱，就是单纯天然的好味道。

**材料（1 人份）** 🍴

**调味料**

南瓜 150 克　茭白 100 克
葱少许

盐少许

扫一扫·轻松学

## 1 备好材料

南瓜洗净，去皮切块；茭白洗净，切成 2 厘米高的厚片，放入滚水焯烫 5 分钟，捞起沥干备用；葱洗净切末。

## 2 放入电锅

内锅中放入南瓜，将内锅放到电锅中，外锅倒入 200 毫升水，按下开关，蒸至开关跳起，将蒸好的南瓜加少许盐，压成泥状，拌匀备用。

## 3 摆盘

将适量南瓜泥放在茭白厚片上，撒上葱末即完成。

# 姜糖炖藕片

清甜的莲藕与姜糖一同炖煮之后，变得松软好入口，
且每一口都能闻得到姜糖浓浓的香气。

**材料（2 人份）**

┌ 莲藕 100 克
└ 姜母糖 30 克

**1 备好材料**
莲藕洗净去皮，切薄片。

**2 摆放材料**
内锅中依序放入藕片、姜母糖和
600 毫升的水。

**3 放入电锅**
将内锅放到电锅中，外锅倒入
200 毫升水，按下开关，蒸至开
关跳起，再焖 10 分钟即完成。

# 紫菜糕

改善
头晕

50
MIN

吃起来的口感跟米血糕很相似，但比米血糕更为健康，
就算是吃素的妈妈也可以食用喔！

材料（2人份）

糯米 600 克　籼米粉 100 克
糯米粉 250 克　海苔片 50 克
香菜适量

调味料

盐 2 克　花生粉适量
白胡椒粉少许　芝麻油少许

## 1 备好材料
糯米洗净，泡水 6 小时；海苔片用水泡软后取出，加盐、白胡椒粉、芝麻油调味，备用。

## 2 摆放材料
将籼米粉、糯米粉、调味后的海苔片、糯米搅拌均匀，再放入长方形的模具中，并尽量压得紧实一些。

## 3 放入电锅
将模具放入电锅中，外锅加 400 毫升的水，按下开关，蒸至开关跳起。

## 4 切片享用
取出蒸好的紫菜糕，切片后撒上花生粉和香菜即可享用。

114

# 土豆沙拉

简单却营养均衡的一道沙拉，土豆还能增加饱足感，
孕妈咪胃口不佳时，来一份土豆沙拉，就能补充营养及热量。

## 材料（2人份）

土豆 200 克　洋葱 50 克
胡萝卜 25 克　小黄瓜 30 克

### 调味料

蛋黄酱适量　食用油适量

## 1 备好材料

土豆洗净，去皮切块；洋葱、胡
萝卜洗净，去皮切丁；小黄瓜洗
净，切丁备用。

## 2 炒香洋葱

热油锅，放入洋葱炒至透明，再
加入胡萝卜、小黄瓜略炒，取出
放凉备用。

## 3 放入电锅

内锅中放入土豆，将内锅放进电
锅中，外锅加 200 毫升水，蒸至
开关跳起，取出土豆压成泥，放
凉备用。

## 4 搅拌均匀

取一大碗，放入所有炒料、土豆
泥、蛋黄酱搅拌均匀即完成。

# 鲜乳奶酪

改善睡眠品质

方便又简单的甜点，而且牛奶可以改善睡眠品质，
处于怀孕后期的妈妈经常因为睡不好而精神不济，来道甜品补充元气吧！

## 材料（2 人份）

牛奶 200 毫升　鲜奶油 100 毫升
吉利丁片 2 片

**调味料**

白糖 15 克

## 1 备好材料
将吉利丁片放在冷开水中泡软，
备用。

## 2 放入电锅
电锅外锅加 200 毫升水，盖上
锅盖，按下开关，预热 5 分钟。

## 3 放入电锅
将牛奶、鲜奶油、吉利丁片、白
糖放入内锅中，再将内锅放到预
热好的电锅中，不要盖上锅盖，
加热至吉利丁片和白糖完全融
化，放凉后装入模具中。

## 4 放进冰箱
将鲜奶液放进冰箱中，冷藏 3
小时，即可取出享用。

# 黑糖红豆燕麦粥

红豆能有效消除水肿，搭配黑糖和燕麦，还能有补血跟清血的作用，
非常适合怀孕妈妈食用，一举数得。

**材料（3 人份）**

红豆 100 克
细燕麦 50 克

**调味料**

黑糖 50 克　冰糖 50 克

## 1 备好材料
红豆洗净，泡水 8 小时，备用。

## 2 放入电锅
内锅中放入红豆和 1600 毫升水，
将内锅放进电锅中，按下开关，
蒸至开关跳起。

## 3 加糖调味
打开锅盖，放入冰糖和黑糖，拌
匀后再加入细燕麦，外锅加 200
毫升水，按下开关，继续蒸至开
关跳起。

## 4 搅拌均匀
打开锅盖，将煮至浓稠的粥搅拌
均匀，即可盛碗享用。

# 鸡爪冻

香Q软嫩的鸡爪冻，作法简单不复杂，孕妈咪吃了能补充胶质，还能改善腰酸背痛的症状，但还是要注意别吃过量喔！

## 材料（2人份）

- 鸡爪 4 个　仙草冻 100 克
- 蒜头 3 瓣　八角 1 个
- 姜末适量

## 调味料

- 米酒 5 毫升
- 酱油膏 10 克
- 豆豉少许

## 1 备好材料

鸡爪洗净，剪去尖锐的指甲部分，备用。

## 2 汆烫鸡爪

烧一锅滚水，加入米酒，再放入鸡爪汆烫，捞起后用水冲洗干净，备用。

## 3 搅打材料

将仙草冻、100 毫升的水放入调理机中搅打均匀，备用。

## 4 放入电锅

内锅中放入鸡爪、仙草冻、蒜头、八角、姜末、酱油膏和豆豉搅拌均匀，放进电锅中，外锅加400 毫升水，按下开关，蒸至开关跳起。

## 5 放进冰箱

取出蒸好的鸡爪，放凉后放进冰箱冷藏 4 小时即完成。

# Part 5

## 怀孕小确幸

怀孕期间许多妈妈担心摄取过多的糖分会造成身体的负担，进而影响到胎儿的健康，且市面上的甜点，像是蛋糕、甜汤等等，可能含有许多不明添加物，让孕妈咪无法吃得安心健康。但如果是自己亲手做的点心，就没有这些疑虑了，还可以适当地调整甜度及想吃的食材，吃起来不但放心又美味，还能享受亲自做甜点的乐趣。

# 黑糖蜜麻糬

 钙

软滑的麻糬丸子，淋上又香又浓的黑糖蜜，
可以依照喜欢的甜度作调整，让孕妈咪能大大满足的一道甜品。

## 材料（3人份）

├─ 糯米粉 100 克   澄粉 25 克
└─ 花生粉适量

### 调味料

├─ 橄榄油 5 毫升   白糖 10 克
└─ 盐 2 克   黑糖蜜适量

## 1 备好材料

糯米粉与澄粉过筛，备用。

## 2 混匀材料

过筛的糯米粉和澄粉中加入 100 毫
升的水和橄榄油，搅拌均匀之后，
再加入白糖、盐拌匀成粉团。

## 3 揉成圆形

将粉团均分成大小一致的小团，揉
成圆球状，备用。

## 4 放入内锅

将揉好的小团放入预热好的内锅
中，外锅加 200 毫升水，按下开关，
蒸至开关跳起，取出后淋上黑糖蜜
和撒上花生粉即完成。

# 古早味菜燕

 膳食纤维  20 MIN

小时候经常听到路边在叫卖的菜燕点心，吃起来冰冰凉凉好顺口，
只要冬瓜茶跟洋菜两种材料，就可以做出充满浓浓古早味的小点心。

扫一扫·轻松学

## 材料（3人份）

┌ 冬瓜茶 500 毫升
└ 洋菜粉 5 克

### 1 备好材料
将洋菜粉倒入冬瓜茶中，搅拌均
匀，再倒入模具中。

### 2 放入电锅
将冬瓜洋菜液放到电锅中，外锅
倒入 100 毫升水，按下开关，蒸
至开关跳起。

### 3 放进冰箱冷藏
打开锅盖，取出冬瓜洋菜液，放
在室温下冷却后，再进冰箱冷藏
2 ~ 3 小时，即可切片盛盘。

# 绿豆寒天汤

蛋白质　60 MIN

清清凉凉的绿豆寒天汤，最适合食欲不振的孕妈咪食用，
香甜软绵的口感，配上脆脆的寒天条，好吃又有饱足感。

**材料（3 人份）**

绿豆 150 克
寒天条 50 克

**调味料**

白糖适量

## 1 备好材料
绿豆洗净，泡水 3 小时后，沥干备
用；寒天条洗净，剪成小段，泡冷
开水备用。

## 2 放入电锅
内锅中放入绿豆，再加入 1500 毫
升的水，放入电锅中，外锅加 400
毫升水，按下开关，蒸至开关跳起。

## 3 加糖拌匀
打开锅盖，放入白糖调味，拌匀后
再盖上锅盖，焖 10 分钟。

## 4 加入寒天
取出绿豆汤放凉后，加入寒天条即
完成。

# 蜜红豆

香甜又绵密的蜜红豆，可以依照自己喜爱的甜度增减冰糖的分量，
但怀孕妈妈还是尽量不要吃得太甜喔！

 B 族维生素

 60 MIN

扫一扫·轻松学

**材料（3 人份）** 🍴

红豆 100 克

**调味料**

冰糖 100 克

## 1 备好材料
红豆洗净，泡水 1.5 小时以上。

## 2 放入电锅
将红豆放入大碗中，加入冰糖和 200 毫升的水，再将大碗放到电锅中，外锅倒入 400 毫升水，按下开关，蒸至开关跳起。

## 3 取出放凉
打开锅盖，取出放凉后即可。

# 黄金蜜红薯

夜市常见的蜜红薯，突然想吃却买不到怎么办呢？
视频教学让怀孕妈妈想吃蜜红薯不求人，自己在家也能动手做。

**材料（3 人份）** 🍴

红薯 400 克

**调味料**

砂糖 200 克  麦芽糖 200 克
柠檬汁适量

扫一扫·轻松学

## 1 备好材料
红薯洗净，去皮备用。

## 2 放入电锅
将红薯放入内锅中，再将内锅放到
电锅中，外锅倒入 200 毫升水，
按下开关，蒸至开关跳起。

## 3 熬煮糖浆
锅中加入适量水，放入砂糖，以中
火煮煮至砂糖溶化，加入柠檬汁、
麦芽糖，转小火熬煮至浓稠有光
泽。

## 4 放入红薯
将蒸好的红薯放入糖浆中，以小火
煮滚后，再续煮 10 分钟，关火后
放凉即可享用。

# 冰心芋泥球

 蛋白质  50 MIN

香气十足的芋头，做成冰甜香软的芋泥球，
一次可以做一大包放在冰箱，想吃的时候再取出，美味也不会变调喔！

## 材料（3 人份） 🍴

- 芋头 300 克
- 鲜奶油 25 毫升

## 调味料

- 白糖 40 克　盐 2 克
- 蜂蜜少许

### 1 备好材料

芋头洗净，去皮切小块。

### 2 放入电锅

内锅中放入芋头块，再放进电锅
中，外锅加 300 毫升水，蒸至开
关跳起，再焖 10 分钟。

### 3 搅拌均匀

取出芋头，用饭匙压成泥状，再
趁热拌入白糖、盐，放凉一点后
加入鲜奶油，搅拌均匀。

### 4 放进冰箱

将拌匀的材料放在密封盒中，放
进冰箱冷藏 3 小时以上，想食用
时戴上手套将芋泥捏成圆球状，
淋上蜂蜜即可。

# 蜂蜜蛋糕

 葡萄糖  50 MIN

家里没烤箱，想吃蛋糕又不想买外面过甜的蛋糕，
只要用煮饭的电子锅，就能做出零失败的蜂蜜蛋糕喔！

**材料（5人份）**

低筋面粉 140 克　蛋白 4 个
蛋黄 6 个　牛奶 40 毫升
奶油少许

**调味料**

白糖 120 克
蜂蜜 60 克

**1 备好材料**
低筋面粉过筛，备用。

**2 拌匀材料**
蛋黄中加入牛奶、蜂蜜搅拌均匀，再加入过筛的面粉，拌匀成没有颗粒状的面糊。

**3 打发蛋白**
蛋白中分 2 次加入白糖，用打蛋器打发至蛋白挺立且不会滴落的状态。

**4 混合材料**
将一半的蛋白加入面糊中，用切拌的方式拌匀，动作尽量轻柔，以免蛋白消泡，接着加入剩下的蛋白搅拌均匀。

**5 放入电子锅**
将电锅内锅抹上一层奶油，倒入混合好的材料，再放入电锅中，按下煮饭开关，蒸至开关跳起即完成。

# 蜜香苹果蛋糕

维生素 C

50 MIN

香甜的蛋糕配上微酸的苹果，吃起来不甜不腻，
用电子锅蒸过的苹果香气更浓，一口蛋糕一口牛奶是最棒的享受。

## 材料（4 人份）

- 苹果 100 克　低筋面粉 100 克
- 泡打粉 5 克　鸡蛋 3 个
- 奶油 30 克

## 调味料

- 白糖 50 克
- 蜂蜜水适量

## 1 备好材料

低筋面粉、泡打粉过筛，备用；奶油放在室温下软化，备用；苹果洗净，去皮切片。

## 2 拌匀材料

蛋打散，加入白糖拌匀，再加入奶油搅拌均匀，最后放入所有粉类，拌匀成没有颗粒状的面糊。

## 3 排放苹果

将电子锅内锅抹上一层奶油，排入苹果片，倒入混合好的材料。

## 4 放入电子锅

将内锅放入电子锅中，按下煮饭开关，蒸至开关跳起，取出后刷上一层蜂蜜水即完成。

# 甜米酿

B 族维生素

60 MIN

这一道韩国人气饮品，喝起来清凉爽口，带着淡淡的麦芽香气，可以帮助消化、解除油腻，适合因为积食而肠胃不适的怀孕妈妈饮用。

**材料（5 人份）**

麦芽粉 200 克　白饭 300 克

**调味料**

白糖 100 克

## 1 备好材料
麦芽粉中分次加入 2500 毫升的冷开水，搅拌均匀，静置 2 小时，待麦芽粉沉淀后舀出上层的麦芽水。

## 2 放入电锅
将麦芽水、白饭、50 克的白糖放入内锅中混合均匀，再放到电锅中，以保温形式放置 4 小时发酵。

## 3 分开白饭和甜水
将发酵的饭和甜水分离，再把饭放入容器中，加入 500 毫升的冷开水，密封后放进冰箱冷藏备用。

## 4 加热甜水
甜水中加入剩下的白糖，以中火加热至沸腾，放凉后再装瓶放进冰箱中保存。

## 5 混合甜米水
要饮用时，取适量发酵的饭和甜水，混合均匀即可。

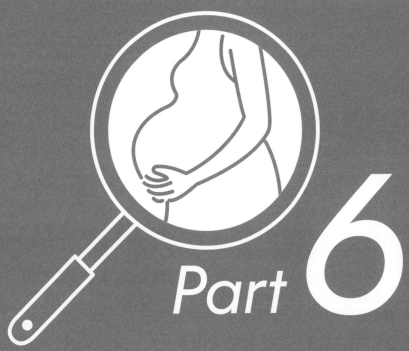

# Part 6

## 孕期疑惑
## Q&A

怀孕期间总有许多生活和饮食上的禁忌，最常听到的像是怀孕未满3个月不能公开，或是怀孕时多喝牛奶，孩子出生后皮肤会比较白，喝咖啡则孩子出生后会比较黑等等，许多孕期的传说，不一定正确，但有一些却有它的道理在。本单元特别针对妈咪们在怀孕期间最在意的各种疑惑，一一为孕妈咪们解答。

# 孕期疑惑 Q&A

**孕妈咪最在意的孕期饮食 & 生活疑惑大解密**

**Q1** 怀孕会变笨吗？

**A1** 一般来说，女性在怀孕阶段，对于记忆性、单调的事情会比较健忘，其中原因可能和激素分泌有关，而且有时孕妈咪也会因睡眠不足，导致白天注意力涣散或精神不集中。因此，怀孕不会变笨，目前也没有研究证明"怀孕一定会变笨"。

**Q2** 不能拍孕妇的肩膀吗？

**A2** 早期医学发展有限，因此有关孕妇的许多民俗禁忌流传至今，关于这些孕期禁忌，孕妈咪们应以正确的科学观念和态度来面对。常常听人说起，拍孕妇肩膀会导致流产，事实上，是担心突然拍孕妇肩膀，使孕妇受到惊吓，导致子宫收缩甚至胎盘早期剥离，造成出血，甚至流产、早产现象。因此，为了避免惊吓到孕妇，还是要小心注意一点才好。

**Q3** 孕妇不可以搬重物吗？

**A3** 老一辈的想法非常尊敬鬼神，认为孕妇不宜随便搬家、改变居家环境，以免惊动胎神，影响胎儿。其实是因为搬家时要整理东西，或搬有重量的家具，对孕妈咪来说，发生意外的机会较高，也有可能因过度劳累，进而影响到胎儿。以现代的医学角度来看，当孕妇搬重物时，可能会造成下腹部用力、子宫肌肉收缩，若是不小心碰撞到腹部，还可能导致出血或胎盘早期剥离。因此在怀孕期间，若必须要搬家、搬重物，或有一些粗重的工作，孕妇可找家人或朋友代劳，以确保母体及胎儿的安全。

孕期中的性行为

## 1. 高危险妊娠应避免性行为
子宫对胎儿的保护十分周全，一般正常的性行为不至于对子宫造成冲击，除非医生有特别禁止孕妈咪不可以有性行为，不然在整个怀孕的过程中，准爸爸、准妈妈仍然可以有正常的性行为，整个妊娠期间都可以行房。但如果有习惯性流产、前置胎盘、产道有出血发炎等情况、早期破水、子宫颈闭锁不全等情况的孕妈咪，则属于高危险妊娠，若要行房务必尊从医生的指示，或尽量避免发生性行为。

## 2. 有危险情况应中止性行为
在行房的过程中，若是孕妇产生子宫强烈收缩、不正常出血、下腹严重疼痛等情形，则应该停止性行为，尽快就医。

## 3. 使用保险套
准爸爸、准妈妈在行房时，应该使用保险套，除了可以减少阴道发炎的机会，还能避免子宫颈发炎及早期破水的现象。

## 4. 怀孕初期的性行为
怀孕初期不是不能发生性行为，但要遵守没有出血、没有腹痛、不能太激烈、太深入、太频繁、时间不能太长等原则。正常情况下，1周发生1次性行为，不致于引发太大问题。

**Q4** 孕期吃药会影响胎儿吗？

**A4** 很多孕妈咪怕吃药会伤到胎儿，却没有想到若病情控制不佳，不但会影响到自己，也可能对胎儿造成不小的伤害。通常医生在开药时，会考虑孕妇的怀孕周数，并根据美国食品药物管理局订立的"怀孕用药安全级数"开立药物，多属于 A 或 B 级药品的安全药物。事实上，会导致畸胎的药物屈指可数，如治疗癌症的药物才会伤胎。因此，孕妈咪不用过于害怕吃药，若一味拒绝使用药物，而让病情恶化，反而会影响母胎健康。

**Q5** 孕期不能贴药布或涂抹酸痛药膏吗？

**A5** 酸痛药膏或贴布的成分复杂，怀孕初期最好不要使用，后期则是完全不能使用，若于怀孕后期使用含有 NSAID（非类固醇抗发炎药物）的贴布，有可能会使胎儿的动脉导管提早关闭，可能会让胎儿面临死亡的威胁。孕期若有酸痛不适，适当伸展四肢可有利循环顺畅，减缓酸痛。

**Q6** 孕期不能接种任何疫苗吗？

**A6** 孕妇若感染德国麻疹病毒，对胎儿的影响极为严重，因此到达生育年龄的妇女如经检验确诊未具德国麻疹抗体，必须在孕前接种一剂 MMR 疫苗，并于接种后 3 个月内避免怀孕。
此外，孕期不建议接种活性减毒疫苗，因为活性减毒疫苗注入人体后，可能会造成轻微的感染。至于死菌疫苗则可在孕期施打，像是流感疫苗，孕妈咪接种流感疫苗，可以避免感染流感病毒后，对母胎健康造成严重的伤害。

孕期
中药进补

**1. 中将汤**

饮用中将汤后会促进子宫收缩、活血化瘀，导致火气变大、体质偏热，孕妇和月经来潮的女性都应避免使用，以免造成出血。

**2. 人参**

人参具有抗凝血功能，不建议怀孕后期的准妈妈食用，否则可能会造成生产时血流不止。但在怀孕初期，可经由医生的嘱咐酌量食用，以提高自身免疫力。不过，曾有案例显示，有的孕妈咪为了提升免疫力而大量服用人参，虽然生下来的宝宝非常健康，但却造成自己的免疫功能失调，最后甚至罹患红斑性狼疮。因此，若未经医师处方，孕妈咪在怀孕期间不可擅自服用人参、灵芝、天山雪莲与冬虫夏草等药品。

**3. 药膳汤**

十全排骨汤中含有四物、四君子、黄芪与肉桂，虽可改善疲劳，却有上火疑虑，若孕妈咪因为疲劳，想要靠饮食改善，医师也会建议一次食用一种食物，避免多种食材交互影响，使身体更加不适。而四神汤中的薏仁，自古以来就被视为有"滑胎"之虞，虽然至今仍无相关的科学根据，但为了饮食安全无虞，建议孕妈咪还是要减少食用。

## Q7 孕期不能参加婚丧喜庆活动吗？

**A7** 婚丧喜庆的场面，容易影响人的情绪，尤其是孕期胎教的养成，最重要的是保持心情愉快。另外，婚丧喜庆的场合，往往都在户外举行，需要长时间的站立，夏天气温高，容易中暑，冬天容易得风寒；因此，还是避免前往婚丧喜庆场所为佳。

## Q8 怀孕未满 3 个月不能公开吗？

**A8** 这项禁忌其实有学理依据，因为怀孕的前 3 个月是胚胎期，胚胎着床处于不稳定状况，容易有流产的情况发生，若早早对亲朋好友分享怀孕的喜讯，万一胚胎流掉了，不仅折磨当事人的心情，亲朋好友的关心也不免增加其心理负担。

## Q9 孕期不能按摩吗？

**A9** 怀孕初期，胎儿较不稳，任何外界的波动，像是按摩、搬重物，甚至饮食不佳或胎儿本身就不稳定，都有可能造成流产。但进入怀孕中后期以后，孕妇进行按摩的影响不大，甚至正确的按摩可帮助孕妇达到放松的效果。不过，建议进行下肢按摩，可帮助排除孕妇常见的水肿；而肩颈按摩牵扯到神经系统，建议可向妇产科医生询问身体状况后再进行。此外，一般按摩影响不大，但若是使用精油按摩，有些精油的疗效会导致宫缩，像是薰衣草、鼠尾草、迷迭香等都是孕妇要避免使用的精油，建议还是经专业指导再进行精油类的按摩较好。

**孕期运动**

### 1. 孕期运动须知

适当的安产体操运动，不但有助于产程的进行，更可以有效地缓解腰酸背痛、头痛、肩痛等不适症状。孕期运动的禁忌不多，只要在怀孕初期后，避免仰躺动作、长时间站姿，以及避免在湿热的环境下运动，并且运动时多多补充水分、穿着透气衣物，并注意运动后的饮食摄取。

### 2. 适合孕妇的运动

散步是最安全的运动；如果想要慢跑，除非在产前就有长期慢跑习惯，不然不建议纳入孕期运动中；此外，固定式脚踏车、游泳与健身房的坐式划船机，都是孕期运动不错的选择。

### 3. 孕期不适合运动的情况

子宫颈无力、有早产风险、羊膜破裂、子痫前症、怀孕二三期出血，或者是胎儿体重过轻、多胞胎等等的孕妇，不适合在孕期进行运动，但若医师诊断你是个健康的孕妇，就可以安心执行运动计划了。

### 4. 孕期运动的好处

孕期运动可以预防妊娠型糖尿病；还能强化体力，加快产程速度，生产时需要的医疗介入较少；孕妇运动对胎儿也很好，生下来的宝宝会比较强壮，且日后较不会发生行为异常。

**Q10** 孕期可以喝咖啡吗？

**A10** 咖啡含有咖啡因，是一种兴奋剂，同时也存在于茶、汽水、巧克力中。如果每日摄取超过 500 毫克的咖啡因，就会影响妇女受孕；如果是已经怀孕的妇女，咖啡因则会影响胎儿的心跳及呼吸，并减少通过胎盘的血液量，胎儿无法自行将咖啡因解毒。咖啡因还会抑制某些营养素的吸收，例如钙、铁、锌等。建议孕妇的咖啡因摄取量每日不可超过 300 毫克。

**Q11** 孕期可以吃冰吗？

**A11** 许多怀孕妈妈会担心孕期吃冰，造成宝宝出生后有过敏性体质，或是气管容易出问题。其实会不会有过敏性体质，主要取决于父母的遗传基因，与妈咪有没有吃冰，并无多大关连。

**Q12** 孕期一定要进补吗？

**A12** 民众普遍有"一人吃，两人补"的观念，因此在孕期经常食用炖补类的食物，以满足母体和胎儿的营养所需。其实，除了气血虚弱的孕妇需要以中药调理之外，其他准妈妈只要适当进食即可。此外，进补的食材若含高淀粉、脂肪或加工食物，吃太多会导致过度肥胖，不仅会造成怀孕妈妈行动不便，还会有妊娠糖尿病、高血压的可能，进而增加难产机率。另外，有些孕妇则是因为怕胖，饮食特别清淡，但孕妇每天应摄取足够的营养和各类维生素，宝宝的发育才会健全。即使产后减重不容易，也不建议用水果完全取代一餐，因为水果属性往往偏寒，会降低人体的基础代谢率，且过量摄取会影响正常进餐，恐导致营养失衡。

宝宝肤色大解密

**1. 牛奶会让宝宝变白吗？**

有些人认为怀孕要远离酱油、可乐等颜色深的食物，多吃豆腐、牛奶等白色食物，生出来的宝宝皮肤才会白皙。牛奶含丰富的蛋白质和钙质，有助于孕妇及胎儿的生长发育，以及胎儿的骨骼生长，并可降低怀孕中后期的抽筋现象。但并没有研究显示，孕妈咪经常喝牛奶会使胎儿出生后的肤色较白，实际上宝宝的肤色主要取决于父母的遗传基因，若是真的想生出白皙的宝宝，建议在怀孕前可多吃高维生素 C 的食物，例如芭乐、草莓等，可以抑制皮肤中的酪氨酸形成黑色素，对已经形成的黑色素也有一定还原的效果。

**2. 吃胡萝卜宝宝皮肤会变黄吗？**

至于吃太多胡萝卜可能会出现皮肤泛黄的现象，这是由摄取过量的胡萝卜素导致的，但是胡萝卜素并没有毒性，只要减少胡萝卜素的摄取，自然就会代谢掉，泛黄的肤色自然就有所改善，所以不用担心宝宝皮肤会因此变黄。

## 图书在版编目（CIP）数据

电热锅轻松煮 100 道养胎美味 / 孙晶丹编著 . -- 乌
鲁木齐：新疆人民卫生出版社，2016.9
ISBN 978-7-5372-6682-6

Ⅰ．①电… Ⅱ．①孙… Ⅲ．①孕妇—妇幼保健—食谱
Ⅳ．① TS972.164

中国版本图书馆 CIP 数据核字 (2016) 第 179583 号

# 电热锅轻松煮 100 道养胎美味

DIANREGUO QINGSONG ZHU 100 DAO YANGTAI MEIWEI

| | |
|---|---|
| 出版发行 | 新疆 人民出版总社<br>新疆人民卫生出版社 |
| 责任编辑 | 白霞 |
| 策划编辑 | 深圳市金版文化发展股份有限公司 |
| 摄影摄像 | 深圳市金版文化发展股份有限公司 |
| 封面设计 | 深圳市金版文化发展股份有限公司 |
| 地　　址 | 新疆乌鲁木齐市龙泉街 196 号 |
| 电　　话 | 0991-2824446 |
| 邮　　编 | 830004 |
| 网　　址 | http://www.xjpsp.com |
| 印　　刷 | 深圳市雅佳图印刷有限公司 |
| 经　　销 | 全国新华书店 |
| 开　　本 | 200 毫米 ×200 毫米　　24 开 |
| 印　　张 | 6 |
| 字　　数 | 54 千字 |
| 版　　次 | 2016 年 11 月第 1 版 |
| 印　　次 | 2016 年 11 月第 1 次印刷 |
| 定　　价 | 29.80 元 |